北京市通州区
气象信息员手册

北京市通州区气象局　编

气象出版社

China Meteorological Press

内 容 简 介

　　本书共分 5 章,主要介绍了气象基础知识、通州区地理与气候概况、通州区主要气象灾害、常见气象灾害防御、气象信息的发布与获取等内容。本书既可以作为气象信息员培训教材,也可以作为社会公众及气象爱好者了解气象知识和气象灾害,更好地利用气象预报预警信息,增强防灾减灾意识和能力的参考读物。

图书在版编目(CIP)数据

北京市通州区气象信息员手册/北京市通州区气象
局编. —北京:气象出版社,2014.11
　ISBN 978-7-5029-6057-5

　Ⅰ.①北… 　Ⅱ.①北… 　Ⅲ.①气象-工作-通州区-手册
Ⅳ.①P468.213-62

中国版本图书馆 CIP 数据核字(2014)第 275370 号

出版发行:气象出版社
地　　　址:北京市海淀区中关村南大街 46 号　　邮政编码:100081
总 编 室:010-68407112　　　　　　　　　　发 行 部:010-68409198
网　　　址:http://www.qxcbs.com　　　　　E-mail:qxcbs@cma.gov.cn
责任编辑:崔晓军　　　　　　　　　　　　　终　　审:章澄昌
封面设计:燕　彤　　　　　　　　　　　　　责任技编:吴庭芳
印　　　刷:北京中新伟业印刷有限公司
开　　　本:880mm×1230mm　1/32　　　　印　　张:3.25
字　　　数:100 千字　　　　　　　　　　　彩　　插:2
版　　　次:2014 年 11 月第 1 版　　　　　印　　次:2014 年 11 月第 1 次印刷
定　　　价:12.00 元

《北京市通州区气象信息员手册》

编 委 会

主　编：池长春　高晓容

编　委：王　翌　董鹏捷　陶立新

　　　　姜万英　赵志泉

前　言

　　近年来,以全球气候变暖为主要特征的气候变化背景下,极端天气气候事件增加。通州区是北京市"十二五"重点发展的区域之一,随着现代化国际新城的建设,正在快速步入城市化发展阶段。暴雨、大风、高温、雷电、冰雹、大雾、霾等天气时有发生,气象灾害对经济社会活动、城市正常运行和生态环境等带来严重影响。基层是气象防御工作最薄弱的地区,也是气象防灾减灾工作的重点和难点。气象信息员将各类突发气象灾害信息及时传递给基层群众,是气象知识的宣传员,也是灾情信息的上报员,起到连接政府和基层群众的桥梁作用。加强对气象信息员的培训力度,提高他们的气象科技素质,使其在防灾减灾中最大限度地发挥作用,对于保障经济社会可持续发展具有重要意义。

　　为了丰富通州区广大基层气象信息员的气象基础知识,提高他们的业务水平,通州区气象局组织编写了《北京市通州区气象信息员手册》。该书共分5章,内容包括气象基础知识、通州区地理与气候概况、通州区主要气象灾害、常见气象灾害防御、气象信息的发布与获取等内容。

　　我们希望本书在基层气象信息员普及气象知识、宣传气象灾害预警信息、掌握气象防灾避险能力等方面起到积极作用,也期待本书在强化社会公众的气象灾害防御意识、整体上提高通州区的气象灾害应对能力、最大限度地避免或者减轻气象灾害造成的损失方面起到积极作用。

　　限于作者水平,加之编写时间较紧,本书难免存在不足和遗漏之处,恳请读者批评指正。

编者
2014 年 10 月

目　录

第 1 章　气象基础知识

气象是指发生在天空中的风、云、雨、雪、霜、露、打雷、闪电等大气物理现象。天气是一定区域短时段内的大气状态(如冷暖、风雨、干湿、阴晴等)及其变化的总称。气候是指某一地区长期(多年)的天气特征，是较长时期内各种天气过程的综合表现。气象要素(温度、降水、风等)的各种统计量(均值、极值、概率等)是表述气候的基本依据。气候具有明显的地域性特征，可分为大气候、中气候、小气候。

1.1　基本气象要素

1.1.1　气温

气温是表示空气冷热程度的物理量，日常天气预报中所说的气温是指位于气象观测场中 1.5 米高度的百叶箱内测得的空气温度。在我国，气温用摄氏度(℃)表示。气温有定时气温、日最高气温、日最低气温、日平均气温。日最高气温一般出现在午后 14 时左右，日最低气温一般出现在凌晨日出前。

在日常生活中，人们所感觉到的温度叫体感温度，它与百叶箱内测得的气温是有差别的。

1.1.2　降水

降水是指从天空降落到地面上的液态或固态(经融化后)的水，以在水平面上积累的深度表示降水量，单位为毫米，取一位小数。

固态降水有雪、冰粒、冰雹等。雨和雪的混合降水在天气预报中称为雨夹雪。降雪大小用降雪量和积雪深度来表述，降雪量和雨量一样也用毫米表示,是将承接到的降雪融化后量得的;积雪深度是在平坦开阔的地面上直接用尺子量出来的,单位是厘米,简称雪深。冰雹大小以个体的直径表示,直径用长度单位厘米或毫米表示。

1.1.3　风

空气的水平运动产生的气流,称为风。风以风速和风向两个参数来描述,分别表示空气流动的速度和方向。风向是指风吹来的方向。风速就是单位时间内空气流动所经过的距离,一般以米/秒表示。目前风速大小仍采用风力等级及陆上地物征象表示。

通常用风向频率表示某个方向的风出现的频率,它是指一年(月)内某方向的风出现的次数占各方向风出现的总次数的百分比。某个时段哪个方向的风向频率最高,表明该风向为该时段的盛行风向。

1.1.4　湿度

湿度一般指的是空气湿度,表示空气中水汽含量和潮湿程度。在天气预报中,常用到相对湿度,相对湿度用百分数(%)表示。一般人体在 45%～55% 的相对湿度下感觉最舒适。

1.1.5　气压

气压是指作用在单位面积上的大气压力,即单位面积上向上延伸到大气上界的垂直空气柱的重量,气象上常用百帕作为气压的单位,并把不同地方的气压值换算至同一高度(如海平面)进行比较。一般来说低压区内天气较差,高压区内天气晴好。

1.1.6　日照

日照是指太阳在一地实际照射的时数。日照时数定义为太阳直接辐照度达到或超过 120 瓦/米^2 的那段时间的总和,以小时为单位。由于纬度不同,季节变化和气候差异,加之又有晴天、雨天、阴天的区别,各地日照时数有很大差别。日照的长短对植物的生长和休眠有重要作用,是影响作物生长的一个常用气象要素。

1.1.7　云

　　云是悬浮在大气中的小水滴、过冷水滴、冰晶或它们的混合物组成的可见聚合体,有时也包含一些较大的雨滴及冰、雪粒。云的底部不接触地面。气象上按云的外形特征、结构特点和云底高度,将云分为高云、中云、低云三大类。

1.2　预报用语

　　天气预报用语有严格的规定和固定的格式,一般包含:预报时段,天气现象,风向、风速,最高、最低气温以及发布单位和发布时间等内容。在一些重要天气预报中还要告知影响地域。

1.2.1　预报时段用语

　　气象上的"一天"是指前一天 20 时到当天 20 时。如日降水量、日平均气温等要素统计均是按此规定计算的。天气预报中的时间段含义见表 1.1。

表 1.1　天气预报时间段划分

白天:08—20 时	傍晚:18—20 时
凌晨:03—05 时	夜间:当日 20 时—次日 08 时
早晨:05—08 时	上半夜:20—24 时
上午:08—11 时	半夜:当日 23 时—次日 01 时
中午:11—13 时	下半夜:次日 00—05 时
下午:13—17 时	

1.2.2　天气用语

　　天气预报中的天空状况、降水等级、风力等级的含义都有统一的规定,见表 1.2 至表 1.5。

表 1.2　常见天气及天空状况

天气	天空状况
晴	天空无云或云量小于天空面积的 1/10(1 成)
少云	有中、低云 1~3 成或高云 4~5 成
多云	有 4~7 成的中、低云或 6~10 的高云
阴	天空阴暗,总云量 8 成以上
阵雨	降雨开始和停止都较突然或强度变化大
雷阵雨	阵雨同时出现雷暴或闪电现象

表 1.3　不同时段降雨量等级表

降雨等级	12 小时(毫米)	24 小时(毫米)
微量降雨(零星小雨)	<0.1	<0.1
小雨	0.1~4.9	0.1~9.9
中雨	5.0~14.9	10.0~24.9
大雨	15.0~29.9	25.0~49.9
暴雨	30.0~69.9	50.0~99.9
大暴雨	70.0~139.9	100.0~249.9
特大暴雨	⩾140.0	⩾250.0

表 1.4　不同时段降雪量等级表

降雪等级	12 小时(毫米)	24 小时(毫米)
微量降雪(零星小雪)	<0.1	<0.1
小雪	0.1~0.9	0.1~2.4
中雪	1.0~2.9	2.5~4.9
大雪	3.0~5.9	5.0~9.9
暴雪	6.0~9.9	10.0~19.9
大暴雪	10.0~14.9	20.0~29.9
特大暴雪	⩾15.0	⩾30.0

表 1.5　风力等级表

风力(级)	风速(米/秒)	陆地地面物征象
0	0.0～0.2	静,烟直上
1	0.3～1.5	烟能表示方向,但风向标不能动
2	1.6～3.3	人面感觉有风,树叶微响,风向标能转动
3	3.4～5.4	树叶及微枝摇动不息,旌旗展开
4	5.5～7.9	能吹起地面灰尘和纸张,树枝摇动
5	8.0～10.7	有枝的小树摇摆,内陆的水面有小波
6	10.8～13.8	大树枝摇动,电线呼呼有声,举伞困难
7	13.9～17.1	全树摇动,迎风步行感觉不便
8	17.2～20.7	微枝折毁,人向前行走感觉阻力很大
9	20.8～24.4	烟囱及平房顶部受到损坏
10	24.5～28.4	陆上少见,可使树木拔起或建筑物损坏严重
11	28.5～32.6	陆上很少见,有则必有广泛损坏
12	32.7～36.9	陆上绝少见,摧毁力极大
13	37.0～41.4	—
14	41.5～46.1	—
15	46.2～50.9	—
16	51.0～56.0	—
17	≥56.1	

1.3　预报服务产品

　　预报服务产品通常包括:短时临近预报、短期天气预报、中期天气预报、短期气候预测、预警产品及专项服务。

　　短时临近预报:0～6 小时内的天气预报,一般每 3 小时发布一次。主要包括雷电、大风、冰雹等强对流天气的预报预警信息。

　　短期天气预报:0～72 小时的天气预报,主要内容为今明天气、风向风速、最高最低气温预报及后天的天气趋势。

中期天气预报：3～10 天的天气预报，主要预报晴雨天气和转折性、关键性天气过程。

短期气候预测：月、季、年气候趋势预测，重点是降水量、温度、关键农事期预测等。

预警产品：在灾害性天气来临前发布的预报产品，包括灾害性天气信息、预警警报、预警信号。

专项服务产品：专为重大社会活动和节假日制作发布的预报服务产品。

第 2 章　通州区地理与气候概况

2.1　地理概况

通州区位于北京市东南部,京杭大运河的北端,东西宽 36.5 千米,南北长 48 千米,面积 907 平方千米。西邻朝阳区、大兴区,北与顺义区接壤,东隔潮白河与河北省三河市、大厂回族自治县、香河县相连,南和天津市武清区、河北省廊坊市交界。

通州区全境为平原,由永定河、潮白河冲积而成,地形平坦开阔,地势自西北向东南倾斜,最高海拔 27.6 米,最低海拔 8.2 米,全区平均海拔 20 米左右。区内河渠纵横,多河富水,分布着潮白河、北运河、温榆河、凉水河、通惠河等 13 条河流,多数为西北—东南走向。土质多为潮黄土、两合土、沙壤土,土壤肥沃,质地适中。平坦而略有起伏的地势、肥沃的土壤为农业生产提供了有利条件。

2.2　气候概况

通州区属典型的温带大陆性半湿润季风气候,受冬、夏季风的影响形成了四季分明的气候特点:春季(3—5 月)干燥多风,昼夜温差较大;夏季(6—8 月)炎热多雨;秋季(9—11 月)晴朗少雨,光照充足;冬季(12 月—次年 2 月)寒冷干燥,多风少雪。

通州区年平均气温为 12.6 ℃(以 1981—2010 年 30 年平均值作为气候标准值,下同),最冷月 1 月份平均气温为 −3.5 ℃,最热月 7 月份平均气温为 26.5 ℃。年极端最高气温为 41.9 ℃,出现在 1999 年 7 月 24 日;年极端最低气温为 −21.0 ℃,出现在 1966 年 2 月 23 日。通州区年平均降水量为 526.8 毫米,年降水量最多为 1 044.1 毫米,出现在 1959 年;最少为 227 毫米,出现在 1999 年。降水主要集中在夏季,平均为 374.2 毫米,占年降水量的 71%。日最大降水量为 281.4 毫米,出现在 1998 年 6 月 30 日。通州区年平均降雪日数为 12.1 天,最大积雪深度为 17 厘米,出现在 2009 年 1 月 4 日。

通州区冬季盛行偏北风;春季为南北风向转换季节,偏北风和偏南风出现次数相差不多;夏季盛行偏南风;秋季冷空气活动频繁,以偏北风为主。通州区年平均风速为 2.5 米/秒;4 月风速最大,为 3.1 米/秒;8 月风速最小,为 2.0 米/秒;极大风速为 29.4 米/秒,出现在 1997 年 5 月 15 日。

通州区年平均相对湿度为 57.5%;8 月最大,为 77.8%;1 月最小,为 43.2%。年平均日照时数为 2 480.1 小时;5 月最多,为 262.9 小时;12 月最少,为 164.9 小时。年平均蒸发量为 1 987.3 毫米;5 月最大,为 282.7 毫米;1 月最小,仅为 58.6 毫米。年平均雷暴日数为 29.7 天,7 月出现最多,为 7.8 天。历年极端最大冻土深度为 67 厘米,出现在 1983 年 2 月。

备注:本书所用资料为 1956—2012 年通州区国家气象观测站资料,极值均出自 1956—2012 年。

第 3 章　通州区主要气象灾害

　　通州区常见的气象灾害有暴雨(雪)、大风、雷电、冰雹、大雾、霾等。通州区季风气候明显,年降水量的 71% 集中在夏季,其主要雨量往往由几场暴雨构成。年暴雨日数呈减少的趋势,日降水量≥50 毫米的年平均暴雨日数为 1.9 天,日降水量≥100 毫米的年平均大暴雨日数为 0.3 天。近年来,年暴雨日数虽然呈减少的趋势,但是单次过程雨量明显增加,致使暴雨灾害呈现高发多发态势,同时伴有雷电、大风、冰雹等其他气象灾害。

　　表 3.1 为通州区主要气象灾害日数的年平均值、年极值及其出现年份。通州区年平均大风日数为 21.2 天,其中 12 月和 4 月大风日数最多,均为 2.9 天。年平均雷暴日数 31.4 天,夏季雷暴日数占全年雷暴日数的 74.4%。年平均冰雹日数为 0.9 天,春、夏、秋三季均可出现冰雹天气,夏季冰雹次数占年总冰雹次数的 60.8%。年平均高温日数为 6 天,最多为 26 天。高温天气最早出现在 5 月中旬,最晚出现在 9 月上旬,主要发生在 6 月中旬—7 月上旬,6—7 月高温日数占全年高温日数的 87.5%。年平均雾日数为 14.7 天,最多达 35 天,以 10 月雾日数最多,达 2.5 天。年平均霾日数为 16.1 天,最多达 73 天,从 20 世纪 90 年代后期开始霾日数呈快速增加的趋势,近 10 年来,年平均霾日数达 41.5 天。

表 3.1　通州区主要气象灾害日数的年平均值、年极值及其出现年份

灾害	年平均值(天)	年极值(天)	年极值出现年份
暴雨	1.9	5	1959,1979,1994
大风	21.2	61	1967
雷暴	31.4	53	1959
冰雹	0.9	3	1959,1986,2002
高温	6.0	26	2000
雾	14.7	35	1976
霾	16.1	73	2001

3.1　暴雨

连续 12 小时降水量 30 毫米以上,或 24 小时降水量 50 毫米以上的雨称为"暴雨"。按其降水强度大小又分为三个等级:24 小时降水量为 50~99.9 毫米称暴雨,100~249.9 毫米为大暴雨,250 毫米以上称特大暴雨。

通州区季风气候明显,降水具有年际变化大、季节分配不均、夏季降水强度大等特点。汛期(6—9 月)平均降水量为 419.1 毫米,占全年降水量的 79.6%。年降水量的 71%集中在夏季,而夏季降水量的多少又常取决于暴雨日数。暴雨是通州区的主要气象灾害之一。暴雨尤其是大范围持续性暴雨和集中的特大暴雨,能导致江河横溢,房屋被冲塌,农田被淹没,交通和电信中断,会给国民经济和人民的生命财产带来严重危害。

3.1.1　暴雨年际变化

根据通州区 1956—2012 年逐日降水量数据统计,20 世纪 60 年代暴雨出现 23 次,70 年代 24 次,80 年代 15 次,90 年代 21 次,21 世纪第一个 10 年仅出现 7 次,从 20 世纪 80 年代起暴雨出现次数呈明显的下降趋势。

图 3.1 为 1956—2012 年通州区日降水量≥50 毫米的暴雨日数及其变化趋势。1956—2012 年日降水量≥50 毫米的暴雨共出现 106 天,年平均 1.9 天,年暴雨日数最多为 5 天,有 9 年未出现暴雨;日降水量≥100 毫米的大暴雨共出现 15 天,其中 1956,1958 和 1959 年出现最多,均为 2 天。

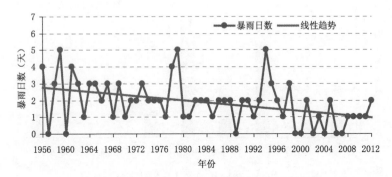

图 3.1　1956—2012 年通州区日降水量≥50 毫米的暴雨日数及其变化趋势

3.1.2　暴雨月际变化

通州区暴雨最早出现于 6 月上旬,发生在 1956 年 6 月 2 日;最晚结束于 10 月中旬,出现在 2003 年 10 月 11 日。暴雨多集中在 7—8 月,此期间的暴雨日数占全年暴雨日数的 79.3%;7—8 月的暴雨又主要集中在 7 月下旬—8 月中旬(见图 3.2),此期间的暴雨日数占 7—8 月暴雨日数的 71.4%,占全年暴雨日数的 56.6%。大暴雨日数占暴雨日数的 14%,大暴雨多出现在 7 月中旬—8 月上旬(见图 3.3)。

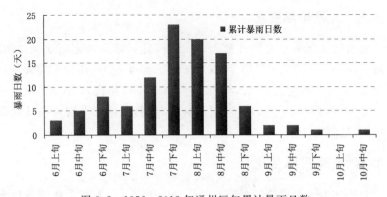

图 3.2　1956—2012 年通州区旬累计暴雨日数

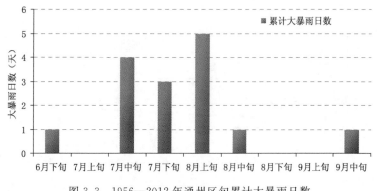

图 3.3　1956—2012 年通州区旬累计大暴雨日数

3.2　大风

瞬时风速达到或超过 17.2 米/秒(或目测估计风力达到或超过 8
级)的风称为大风。大风是一种突发性灾害,可以造成树木倒伏、折断、
作物落粒及落花落果,还能毁坏房屋、车辆、船舶、通信设施、电力设施
等,甚至会造成人员伤亡,大风是影响通州区工农业生产和人民生活的
又一个主要气象灾害。

3.2.1　大风年际变化

通州区多年平均大风日数为 21.2 天,且年际间变化幅度大,1967
年最多,达 61 天;1994 年最少,仅有 2 天。20 世纪 60 年代平均大风日
数为 38 天,70 年代为 22 天,80 年代为 20 天,90 年代为 13 天,21 世纪
第一个 10 年为 18.7 天,从 20 世纪 90 年代起通州区平均大风日数明
显减少,见图 3.4。

3.2.2　大风月际变化

大风分为冬半年伴随强冷空气活动的偏北大风和夏季伴随强对流
天气发生的短时大风。其中,伴随强冷空气活动的偏北大风主要出现

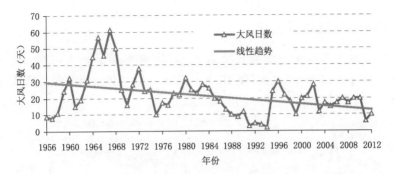

图 3.4　1956—2012 年通州区大风日数年变化

在 9 月—次年 4 月,占全年大风日数的 80.7%;夏季的短时大风,虽持续时间短,但破坏力强。大风天气四季都可以发生,但季节变化明显,12 月和 4 月大风日数较多,均为 2.9 天;9 月大风日数最少,仅有 0.4天,见图 3.5。

图 3.5　1956—2012 年通州区月平均大风日数

3.3　雷电

雷电灾害产生于雷暴天气。雷暴云层很低时可形成云地间放电,这就是雷击。雷击会对建筑物、人体、电子设备等产生极大危害。雷暴的分布规律在一定程度上反映了雷电灾害的分布规律。

3.3.1　雷暴年际变化

通州区多年平均雷暴日数为 31.4 天,年际差异较大:1959 年最多,为 53 天;2000 年最少,仅 15 天。1956—2012 年通州区年雷暴日数呈缓慢下降趋势,见图 3.6。

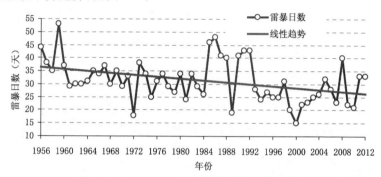

图 3.6　1956—2012 年通州区雷暴日数年变化

3.3.2　雷暴月际变化

通州区雷暴最早出现在 3 月 30 日,发生在 2014 年;最晚结束于 11 月 10 日,发生在 2009 年。雷暴主要出现在夏季,夏季雷暴日数占全年雷暴日数的 74.4%;春季和秋季雷暴日数较少,分别占年雷暴日数的 13.1%和 12.5%,见图 3.7。夏季雷暴主要发生在 6 月下旬—8 月上旬,此期雷暴日数占夏季雷暴总日数的 63.6%。

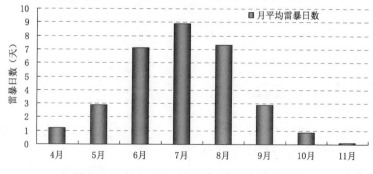

图 3.7　1956—2012 年通州区月平均雷暴日数

3.4　冰雹

冰雹是一种坚硬的球状、锥状或形状不规则的固态降水,由不透明的雹核和外面包着的透明冰层,或由透明冰层与不透明冰层相间组成。大小差异大,大的直径可达数十毫米。冰雹出现的范围较小,时间也比较短促,但来势猛、强度大,并常常伴随着雷暴、大风、强降水等灾害性天气出现。冰雹能砸毁庄稼、果树,损坏房屋,给农业、建筑、通信、电力、交通以及人民生命财产带来严重损失。

3.4.1　冰雹年际变化

1956—2012 年通州本站共出现 51 天冰雹天气,平均每年出现冰雹天气 0.9 天,其中 1959,1986 和 2002 年出现冰雹的天数最多,为 3 天,有 21 年没有监测到冰雹天气,见图 3.8。

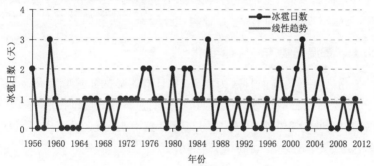

图 3.8　1956—2012 年通州区冰雹日数年变化

3.4.2　冰雹月际变化

一年中从春季到秋季,通州区均出现过冰雹天气,其中:夏季最多,共有 31 天,占年总冰雹次数的 60.8%;春季次之,共出现 15 天,占 29.4%;秋季出现 5 天,仅占 9.8%。冰雹天气最早出现在 4 月 9 日,最晚出现在 10 月 1 日。以 6 月最多,共 15 天,占年总冰雹次数的 29.4%,见图 3.9。

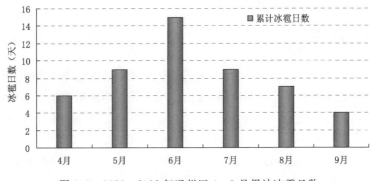

图 3.9   1956—2012 年通州区 4—9 月累计冰雹日数

3.5   高温

气象上把日最高气温达到 35 ℃ 及以上的天气称为高温天气。高温会对人们的工作、生活和身体产生不良影响,容易使人疲劳、烦躁。同时,高温时期是脑血管病、心脏病和呼吸道等疾病的多发期。

3.5.1   高温日数年、月际变化

通州区年平均高温日数为 6 天,并且有明显的年代际变化。20 世纪 60 年代高温日数较多,70 和 80 年代明显下降,90 年代后期开始迅速增多,21 世纪第一个 10 年平均高温日数增至 11.5 天。年高温日数最多达 26 天,出现在 2000 年,见图 3.10。

图 3.10   1956—2012 年通州区高温日数年变化

　　通州区高温天气最早出现在 5 月中旬,最晚出现在 9 月上旬;高温天气主要发生在 6 月中旬—7 月上旬,6—7 月高温日数占全年高温日数的 87.5%,见图 3.11。

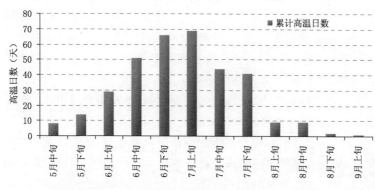

图 3.11　1956—2012 年通州区各旬累计高温日数

3.5.2　极端年最高气温变化

　　通州区年最高气温通常在 35～39 ℃之间,1999,2002,2009 和 2010 年年极端最高气温在 40 ℃以上;其中历史极端最高气温为 41.9 ℃,出现在 1999 年 7 月 24 日,见图 3.12。

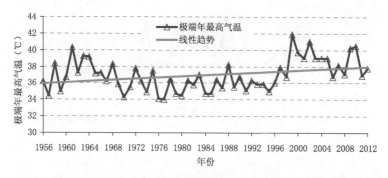

图 3.12　1956—2012 年通州区极端年最高气温变化

3.6　雾

　　近地面大气中悬浮的水汽凝结成大量微小水滴或冰晶,使水平能见度小于 1 千米时,气象上把这种天气现象称为雾。雾是接近地面的云。根据能见度把雾分为三个等级:雾、浓雾、强浓雾。能见度大于等于 500 米、小于 1 千米的为雾;能见度大于等于 50 米、小于 500 米的为浓雾;能见度小于 50 米的为强浓雾。

　　雾天水平能见度差,使司机视线模糊,容易发生交通事故。如果雾范围较大,不仅容易造成城市交通拥堵,而且影响高速公路、国道、航空、铁路的正常运营和安全。雾滴中往往含有细菌、病毒以及二氧化硫等物质,影响人体健康。浓雾可能导致电网污闪,给电力通信设施带来危害。

3.6.1　雾日数年际变化

　　通州区年平均雾日数为 14.7 天,最多达 35 天,出现在 1976 年;最少仅 3 天,出现在 2008 年。1956—2012 年雾日数呈明显减少趋势,见图 3.13。

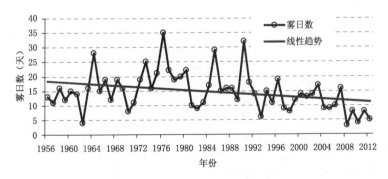

图 3.13　1956—2012 年通州区雾日数年变化

3.6.2　雾日数月际变化

一年之中,秋季雾日数最多,为 5.9 天;冬季次之,为 4.1 天;夏季为 3.0 天;春季最少,为 1.7 天。各月之中,4 和 6 月雾日数最少,均为 0.4 天;10 月最多,为 2.5 天;11 月和 12 月次之,均为 1.9 天,见图 3.14。

图 3.14　1956—2012 年通州区月平均雾日数

3.7　霾

霾是指大量烟、尘等微粒悬浮于空中使空气混浊,水平能见度小于 10 千米的天气现象。霾中的一部分颗粒物能直接进入并黏附在人体上下呼吸道和肺叶中,引起鼻炎、咽喉炎、支气管炎等,长期处于这种环境还会诱发肺癌、心肌缺血和损伤。

3.7.1　霾日数年际变化

通州区年平均霾日数为 16.1 天,2001 年最多,达 73 天。1956—1976 年霾日数较少,年霾日数不足 10 天;1977 年以后明显增加;20 世纪 80 年代后期到 90 年代中期为又一个低值区;从 90 年代后期开始霾日数呈快速增加趋势;21 世纪的第一个 10 年,年平均霾日数达 41.5 天,见图 3.15。

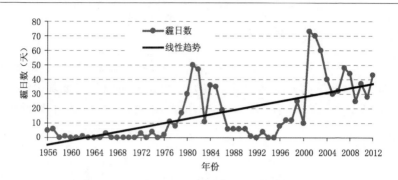

图 3.15　1956—2012 年通州区霾日数年变化

3.7.2　霾日数月际变化

一年之中,冬季霾日数最多,平均为 5.3 天;秋季次之,为 5.1 天;夏季最少,为 2.7 天,见图 3.16。

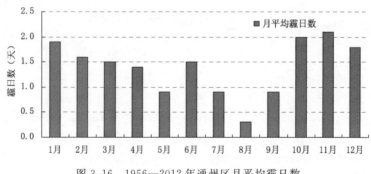

图 3.16　1956—2012 年通州区月平均霾日数

第 4 章　常见气象灾害防御

4.1　暴雨内涝灾害防御

　　暴雨来得快,雨势猛,尤其是大范围持续性暴雨或出现大暴雨、特大暴雨时,常导致山洪暴发,水库垮坝,江河横溢,房屋被冲塌,农田被淹没,交通、电力和通信中断,会给国民经济和人民生命财产带来严重危害。在城市,暴雨和短时强降水易导致低洼地带、下凹式立交桥积水等城市内涝灾害。2012 年 7 月 21—22 日,北京及其周边地区遭遇 61 年来最强暴雨及洪涝灾害,图 4.1(附彩图 4.1)为当时通州区张家湾镇暴雨内涝灾害。

图 4.1　2012 年"7·21"通州区张家湾镇暴雨内涝

4.1.1　防御要点

（1）地势低洼的居民住宅区，可采取砌围墙、放置挡水板、配备小型抽水泵等措施防止雨水倒灌。

（2）底层居民家中的电器插座、开关等应安装在离地面较高的安全地方。一旦室外积水漫进屋内，应及时切断电源，防止触电伤人。

（3）清除下水道、排水口的垃圾等废弃物，保障排水通道畅通，以免暴雨来临时阻塞。

（4）行人应避开桥下（尤其是下凹式立交桥下）、涵洞等低洼地区；在积水中行走时，要注意观察，防止跌入窨井或坑、洞中；如发现高压线塔倾倒、电线低垂或断折要远离，切勿触摸或接近。

（5）雨天汽车在低洼处熄火，人员千万不要在车上等候，应立即下车到高处等待救援。

（6）在山区不要沿河床或山谷行走，注意防范山洪、滑坡、泥石流等灾害。

4.1.2　应急措施

（1）应急处置部门和抢险单位应加强值班，密切监视灾情，及时对有汛情的河道、沟渠、水库等采取放水泄洪措施，对积水沥涝地段进行抽水排涝。做好低洼、易受淹地区的排水防涝工作。

（2）驾驶人员遇到路面或立交桥下积水过深时，应尽量绕行，避免强行通过。

（3）低洼地区房屋门口可放置挡水板、沙袋或设置土坎。

（4）检查电路、燃气等设施是否安全，切断低洼地带有危险的室外电源；当积水漫进室内时，应立即切断电源，防止积水带电伤人。

（5）危险地带人员及危房居民应转移到安全场所。

4.2　大风灾害防御

大风是通州区最常见的一种灾害性天气。大风不仅能造成农作物折枝损叶、落花落果、授粉不良、倒伏、断根和落粒等机械性损伤(见图4.2 及附彩图 4.2),还能造成农作物水分代谢失调,加大蒸腾,植株因失水而凋萎等生理损害。大风能吹倒不牢固的建筑物、高空作业的吊车、广告牌、电线杆、帐篷等,造成财产损失和通信、供电中断,导致人员直接或间接伤亡的事件也时有发生。

图 4.2　2012 年"7·21"通州区张家湾镇大风过后的玉米地

4.2.1　防御要点

(1)妥善安置易受大风影响的室外物品,遮盖建筑物资,加固围挡、棚架、广告牌等易被风吹动的搭建物。

(2)切断户外危险电源,关注火灾隐患,严防室外烟火。

(3)停止露天活动、高空作业和水上活动,尽快进入室内或避风场所。

(4)关闭门窗,老幼人群最好不要外出,外出人员尽量不要在高大建筑物、广告牌、临时搭建物或大树下停留。

(5)不要将车辆停在高楼、大树下方,以免被吹落的物体砸坏。

4.2.2　应急措施

(1)室外遭遇大风时,应远离大树、电线杆、广告牌等,以免被砸伤或触电。

（2）机动车和非机动车驾驶人员应减速慢行，避免急转弯，以免车辆侧翻。

（3）严禁户外用火，消除火灾隐患。

4.3　雷电灾害防御

雷电的破坏作用主要是由雷电流引起的，雷电流通常以直接雷击、感应雷击和雷电波三种形式出现。雷电流危害巨大，轻则造成仪器设备或家用电器的损坏，重则引起火灾和建筑物的倒塌，造成人员伤亡。通州区属雷电多发区，每年因雷击造成人员伤亡、财产损失等事故时有发生，如图 4.3（附彩图 4.3）为 2009 年通州区永乐店镇孔庄某民房遭受雷击造成电器损坏。为了防患于未然，应该做好各种建筑物防雷装置的安装、日常维护和年度检测工作。

图 4.3　2009 年通州区永乐店镇孔庄某民房遭受雷击致使电器损坏

4.3.1　防御要点

（1）应定期由有资质的专业防雷检测机构检测防雷设施，评估防雷设施是否符合国家规范要求，并做好防雷设施的日常维护工作。

（2）应停止户外活动或作业，迅速离开危险环境，进入安全场所避雷。

（3）不要在大树下避雨，远离高塔、烟囱、电线杆、广告牌等高耸物；不要停留在山顶、山脊、楼顶、水边或空旷地带；不宜使用手机。

（4）在空旷场地不要打伞，不要把金属物体扛在肩上，应在地势较低处蹲下，以降低身体高度。

（5）室内人员应关好门窗并与之保持安全距离，不要接触各种金属管道、铁丝网、金属门窗等金属物品，切勿洗澡。

（6）切断家用电器的电源，拔掉电源插头。不要使用带有外接天线的收音机、电视机等电器，远离带电设备。

（7）对被雷击中人员，应立即采用心肺复苏法抢救，同时将病人迅速送往医院；发生雷击火灾应立刻切断电源，并迅速拨打报警电话。

高风险环境：

（1）开阔场地，如运动场、停车场、游乐场等。

（2）孤立的大树、电线杆、大型广告牌、天线塔下。

（3）户外铁栅栏、架空线和铁路轨道附近。

（4）孤立凸出的制高点，如山顶和山脊、建筑物的屋顶等。

（5）户外水面或水陆交界处，如游泳池、河道、湖泊等。

（6）小型无防雷装置保护的建筑物、棚屋、帐篷和临时遮蔽处等。

安全环境：

（1）有合格防雷装置保护的建筑物内。

（2）地下隐蔽处，如地下通道等。

（3）大型金属框架建筑物内，金属壳体的车辆或船舶内等。

（4）附近有建筑物遮蔽的城市街道。

4.3.2　应急措施

如果在户外一时找不到躲避处，应按照以下原则寻找较安全的地点，采取相应措施以减少危险：

（1）应摘下身上佩戴的金属饰品，如发卡、项链等。身处空旷地带时，应关闭手机。

（2）宜在树木密集处躲避，避免在孤立的树木、电线杆、塔吊下避雨。

（3）宜在低凹处的建筑物、帐篷及遮蔽物内躲避，不要在山顶或高处停留。

（4）雷雨天赶路时，尽量穿塑料等不浸水的雨衣，走路速度要慢些，步幅要小些。

（5）处于开阔的暴露区时，如果感觉到身上的毛发突然竖起，皮肤有轻微的刺痛感，甚至听到轻微的爆裂声，这是雷电快要击中你的征兆。应立即两脚并拢下蹲，把手放在膝盖上，身体前倾团成球状，千万不要平躺在地上。

（6）救助触电者的正确做法，首先应切断电源，然后施救。无法切断电源时，可以用干燥的木棒、竹竿等绝缘物将电线挑离触电者身体。如挑不开电线或其他致触电的带电电器，救援者最好戴上橡皮手套，穿上橡胶鞋，用干燥的绳子套住触电者将其拖离，切忌用手直接接触触电者。

（7）遭雷击烧伤的人，身体是不带电的，抢救时不要有顾虑。若伤者失去知觉，但有呼吸和心跳，应使其舒展平卧，休息后再送医院治疗；若伤者呼吸和心跳停止，应立即实施心肺复苏术，并拨打 120 急救电话。

4.4　高温灾害防御

高温天气会影响人体健康，进而影响人们的工作和生活，还会给城市交通、供水、供电等带来较大影响。

4.4.1　防御要点

（1）户外和高温环境下的作业人员，应采取必要的防暑降温措施，备好清凉饮料和中暑急救药品；应当缩短连续工作时间，必要时停止作业。

（2）避免长时间户外活动，合理安排外出活动时间，避开中午和午后;必须外出时应采取有效的遮阳防晒措施,如打伞、戴遮阳帽和太阳镜、涂抹防晒霜,避免强光灼伤眼睛和皮肤。

（3）高温高湿条件下人易疲倦,要合理调整作息时间,保证充分休息,适当午休,同时注意饮食卫生;注意对老、弱、病、幼人群,特别是高血压、心肺疾病患者的照料护理,如有胸闷、气短等症状应及时就医。

（4）注意对车辆进行合理养护,车内不要放置打火机、碳酸饮料、香水等易燃易爆物品,防止车辆爆胎、自燃等危险事故的发生。

（5）室内空调温度不宜过低,26 ℃左右最为合适;大汗淋漓时,不要用冷水冲澡,应先擦干汗水,稍事休息后再用温水洗澡。注意节约用水用电。

4.4.2　应急措施

当出现大汗口渴、胸闷头晕、恶心呕吐、身体乏力、体温在 38.5 ℃以上等症状时,表明已轻度中暑,应采取如下措施:

（1）休息降温。及时离开高温环境,到阴凉、通风处休息。

（2）服药补水。服用十滴水、解暑片等药物,并注意多饮水（最好是淡盐水）。

（3）宽衣擦汗。出汗多的病人应松解衣服,擦干汗水。

当出现昏迷、高热、头疼、心衰等症状时,表明已重度中暑,应采取如下措施:

（1）立即将患者抬到阴凉处,解开其衣服,使其静卧休息。

（2）用冷水敷头部和腋窝,使体温迅速降下来。

（3）及时使用行军散、人丹、清凉油、十滴水、解暑片等解暑药。

（4）对昏迷的病人,可用手指掐人中、涌泉等穴位。

（5）若中暑者心跳骤停、呼吸不规则或停止,应及时进行心肺复苏,直至医护人员到来。

4.5　低温冰雪灾害防御

冬季寒潮、冰雪、持续低温以及道路结冰等低温冰雪灾害发生时,会给交通带来严重影响,还会影响水、电、热、气的供应和其他城市生命线的运行。图 4.4(附彩图 4.4)为大雪过后的景象。

图 4.4　大雪过后

4.5.1　防御要点

(1)及时了解寒潮、降温、降雪等预报预警信息,做好应对低温、冰冻、暴雪等灾害性天气的准备。

(2)室外水管、水箱可用保温材料进行防护,避免冻裂。

(3)关好门窗,紧固室外临时搭建物和危旧房屋,不要待在不结实、不安全的建筑物内,防止被积雪压倒伤人。

(4)减少不必要的出行,尤其是老、弱、病、残、幼等人群要少到室外活动。尽量避免在冰雪天自驾或骑自行车出行,外出最好选择地铁、公交等公共交通工具。

(5)出行不宜穿硬底、光滑底的鞋,防止滑倒摔伤或骨折。

(6)做好融雪融冰、道路积雪清扫工作。

(7)燃气燃煤取暖用户要注意通风安全,谨防煤气中毒。

4.5.2　应急措施

(1)供热部门要全力供暖,根据天气情况提前供暖或延长供暖时间。老、弱、病、残、幼等人群防止因气温骤降引发或加重疾病。

（2）遇降雪、冰冻天气,各单位应及时组织人员铲冰除雪,防止路面结冰影响城市运行及生产生活。

（3）冰雪天气时尽量减少自驾车外出,尤其不要开车走山路。机动车在冰雪路面上一定要减速慢行,并与前车保持适当距离;避免急转弯、急刹车,必要时要安装防滑链。

（4）交管部门注意指挥和疏导行驶车辆,严重路段可封路限行。发生交通事故后,应及时在现场后方设置警示标志,以防连环撞车事故发生。

（5）若遇交通事故或被积雪围困,要尽快拨打 122,110,119 等报警求救电话;若发生断电事故,要及时报告电力部门。

4.6　雾、霾灾害防御

雾是悬浮在近地面大气中的大量微小水滴或冰晶的集合,雾的核心物质是微小水滴或冰晶。霾是指大量烟、尘等微粒悬浮于空中而形成的空气混浊现象（见图 4.5 及附彩图 4.5）,又称灰霾,霾的核心物质是烟、尘微粒,气象学上称之为气溶胶颗粒。

图 4.5　霾

4.6.1　雾和霾的区别

雾、霾天气使空气质量恶化、能见度降低,影响人们的健康和交通安全。雾和霾是两种不同的天气现象,二者存在很大的区别:

(1)能见度范围不同。雾的水平能见度小于 1 千米,霾的水平能见度小于 10 千米。

(2)相对湿度不同。一般雾的相对湿度大于 90%,霾的相对湿度小于 80%,相对湿度介于 80%～90%之间是霾和雾的混合物,但其主要成分是霾。

(3)厚度不同。雾的厚度只有几十米至 200 米左右,霾的厚度可达 1～3 千米。

(4)边界特征不同。雾的边界很清晰,过了"雾区"可能就是晴空万里,但是霾与晴空区之间没有明显的边界。

(5)颜色不同。雾的颜色是乳白色、青白色,霾则是黄色、橙灰色。

(6)日变化不同。雾一般午夜至清晨最易出现;霾的日变化特征不明显,当气团没有大的变化,空气团较稳定时,持续出现时间较长。

4.6.2　防御要点

(1)雾、霾天气时,空气质量较差,不宜开窗通风换气,不宜晨练,应尽量减少户外活动。

(2)出门时最好戴上口罩,老人、儿童和心肺病人群尽量避免外出。

(3)雾、霾天气时,能见度低,易出现高速公路封闭、航班延误等状况,出行前应先了解路况、航班信息,以免行程受阻。

(4)驾驶人员应开启雾灯,减速慢行,保持车距,行人穿越马路时要当心,注意交通安全。

(5)外出回来后,应及时清洗面部及裸露的皮肤。

4.7　沙尘灾害防御

沙尘天气包括浮尘、扬沙和沙尘暴天气。浮尘是指尘土、细沙浮游在空中,使水平能见度小于 10 千米的天气现象。扬沙是指风将地面尘沙吹起,使空气相当混浊,水平能见度在 1～10 千米之间的天气现象。沙尘暴是指强风将地面尘沙吹起,使空气很混浊,水平能见度小于 1 千米的天气现象。

沙尘天气能给交通和环境带来不利影响,对人体的呼吸系统有很大的危害,特别是抵抗力较差的老年人、婴幼儿以及患有呼吸道过敏性疾病的人群,应该待在门窗紧闭的室内,尽可能远离沙尘源。

4.7.1　防御要点

(1)沙尘天气来临前,要及时关好门窗,必要时可用胶条对窗户进行密封,并做好精密仪器的密封保护工作。

(2)出门要穿戴防尘的衣服、口罩、眼镜等物品,以减少沙尘对呼吸道及眼睛等造成的损害。强沙尘天气时,老人、儿童及有呼吸道疾病或心肺疾病的人群尽量避免外出。

(3)应多喝水多吃水果,及时为身体补充水分,还可以给室内增湿,同时注意皮肤保湿。

(4)外出归来后,应及时清洗面部,用清水漱口,清理鼻腔。一旦发生慢性咳嗽或气短、喘憋及胸痛时,应尽快到医院检查治疗。

(5)沙尘天气天空呈黄灰色,能见度低,驾驶人员应开启雾灯、近光灯和示宽灯,注意根据能见度控制车速和车距,谨慎行驶。

4.7.2　应急措施

(1)强沙尘天气时,人员应当留在防风、防尘的地方,尽量减少户外活动,特别是抵抗力较差的人群最好待在门窗紧闭的室内;露天集体活动或室内大型集会应及时停止,并启动相应应急预案。

(2)能见度特别低时,要适时采取交通管制,火车暂停运行,高速公路采取封闭、分流或引领措施,以确保交通安全。

(3)外出戴上口罩、面罩、眼镜等防护用具,防止空气中的污染物威胁呼吸道健康,避免沙尘等侵入眼睛。

第 5 章　北京气象信息的发布与获取

5.1　天气预报、预警信息的发布与获取

5.1.1　广播

北京人民广播电台属下各个专业电台都有天气预报栏目。比如：北京交通台(FM 103.9)全天整点播报,在 07:00,12:00,17:00 三个时次通过电话连线天气会商室,由北京市气象局值班人员直播；08:00 和 19:00 两档天气预报栏目由气象专家直播,为听众解析天气焦点和热点。此外,北京新闻台(FM 100.6)在 9:13,12:13,17:53,以及城市管理广播(FM 107.3)在 07:30,11:30,17:30 也有专家直播天气栏目。

除常规天气预报外,对于突发灾害性天气,各电台在收到气象部门传送的预警信号后第一时间进行插播。

5.1.2　电视

中央电视台综合频道在 19:30 播出由中国气象局制作的全国天气预报；北京电视台在 18:55 播出由北京市气象局制作的北京地区天气预报,22:17 播出由北京市气象局制作的综合全国天气的《看气象》节目；通州电视台 19:45 播出由通州区气象台制作的通州区天气预报。

中国气象频道每时段 26 和 56 分滚动播出各类气象信息及其他相关生活服务信息。有天气预警信息时,电视台一般会采取两种方式播出：在最近时段的直播新闻中播出；在屏幕上悬浮预警图标并在下方以滚动字幕的方式播出。

5.1.3　报纸

目前,《北京晚报》《北京日报》《北京青年报》《京华时报》及《通州时讯》等报纸都有气象部门专门提供的天气预报和气象热点新闻等。由于天气预警信息的时效性很强,一般情况下报纸是不登载天气预警信息的。需要提醒大家注意的是,晨报上刊登的天气预报是北京市气象台前一天 17:00 的会商结论,晚报上刊登的则是气象台当天中午 11:00 的会商结论。因此,报纸上的气象信息要滞后于同一时刻从电视、广播、电话等途径获取的气象信息。如果天气形势比较稳定,报纸和其他途径获取的气象信息差别不会太大,如果天气形势变化很快,差别可能就比较大。如果需要最新的天气预报,应利用电视、广播、声讯电话等途径获取。

5.1.4　声讯电话

声讯电话可以 24 小时随时拨打,气象信息更新及时、时效性较强,可以获得气象部门发布的最新天气预报信息。“12121”和“96221221”声讯电话提供的气象信息十分丰富,有 36 小时天气预报、未来一周天气预报、周末双休日天气预报、生活气象指数、交通气象预报、旅游景点天气预报等。拨打“96221221”电话,还可以通过按“ * ”号键转接气象专家人工服务咨询或预约所需的天气预报。需要注意的是,拨打“96221221”需提前开通气象综合信息服务台。

5.1.5　手机短信

通过手机短信获取天气资讯,订制成功后预报信息将在每天固定时段发送到用户手机上,可以随时随地查看。当预计有灾害性天气发生时,通州区气象台将灾害预警信息及时发送到气象信息员等相关人员的手机上。

5.1.6　网络

目前,北京市气象局、北京服务您、中国天气网北京站、中国天气通手机客户端、通州区气象局等气象部门官方网站,以及"北京气象"、"气象通州"微博、"气象北京"微信提供专业气象服务,可以查看最新天气预报、天气实况和预警信息。此外,多家知名网站也向公众提供正规、权威的天气预报信息,如搜狐、新浪等。全国天气情况可以从中国气象局"中国天气网"查询获得。常用的气象部门官方网站网址如下:

　　北京市气象局——http://www.bjmb.gov.cn/

　　北京服务您——http://www.beijing.gov.cn/zhuanti/bjfwn/

　　中国天气网北京站——http://www.weather.com.cn/beijing/weather.shtml

　　中国天气通手机客户端——http://3g.weather.com.cn/

　　通州区气象局——http://qxj.bjtzh.gov.cn/

5.1.7　移动媒体

　　为了方便市民生活出行以及气象防灾减灾的需要,目前公交、地铁上的电视都不定时地滚动播出 24 小时内的天气预报,以及各种突发或灾害性天气预警信息。除此之外,户外显示屏、楼宇电视联播网、户外大屏幕电视等也都每天滚动播出气象信息。需要注意的是,有的显示屏播出的气象信息可能更新不够及时。

　　通过不同途径获取的天气预报信息可能不太一致,这主要是因为:

　　(1)天气形势时刻在发生变化,气象部门的天气预报也在随时更新。目前气象台发布常规天气预报的时次为 6:00,11:00,17:00 和 23:00,但在有突发天气或天气发生变化时,则会随时根据天气变化进行订正,发布最新天气预报。这就是说,同一天不同时间获得的天气预报并不一定相同,比如 10:00 了解的天气预报一般是 06:00 发布的,而 12:00 则是 11:00 更新发布的预报。

　　(2)不同途径获取的天气预报可能是不同时次发布的。天气预报信息更新最及时的是"12121"和"96221221"声讯电话,电台、手机短信、移动媒体和网络更新也比较及时。

5.2　其他气象信息的获取方式

5.2.1　气象实况信息

现代人类活动受天气因素影响较大,需了解当前天气状况时,比如气温实况,是否有大雾、降雨(雪)等,最好拨打气象专家热线(96221221)进行咨询,全国主要城市的气象实况信息也可通过专家热线查询。

5.2.2　气象历史信息

一般比较简单的气象历史信息可拨打"96221221"声讯电话按"＊"号键转专家热线,进行人工咨询。特定时段、时间较长、数据量较大的气象历史信息需要到气象部门,按照相关规定依法获取。

5.2.3　开具保险等气象证明

因雷电、暴雨、冰雹和大风等天气原因造成财产损失要求保险公司赔偿时,一般需要到当地气象部门开具气象证明,通州区气象局电话:010-60513489。

附录1：北京市气象灾害预警信号与防御指南

一、暴雨预警信号

暴雨预警信号分四级，分别以蓝色、黄色、橙色、红色表示。

（一）暴雨蓝色预警信号

图标：

标准：预计未来可能出现下列条件之一或实况已达到下列条件之一并可能持续：

（1）1小时降雨量达20毫米以上；

（2）3小时降雨量达30毫米以上；

（3）12小时降雨量达50毫米以上。

预报用语：预计××（时间），××（地区）将出现（短时）大雨到暴雨。

防御指南：

1. 地方各级人民政府、有关部门和单位按照职责做好防暴雨准备工作，检查城市、农田以及其他重要设施的排水系统，做好排涝准备。

2. 小学和幼儿园学生上学、放学应由成人带领，采取适当措施，保证学生和幼儿的安全。

3. 驾驶人员应当注意道路积水和交通阻塞，确保行车安全。

4. 行人尽量不要在高楼或大型广告牌下躲雨、停留，以免被坠落物砸伤。

5. 应检查家中电路、燃气等设施是否安全。

(二)暴雨黄色预警信号

图标：

标准:预计未来可能出现下列条件之一或实况已达到下列条件之一并可能持续：

(1)1小时降雨量达30毫米以上；

(2)6小时降雨量达50毫米以上。

预报用语:预计××(时间)，××(地区)将出现(短时)暴雨。

防御指南:

1. 地方各级人民政府、有关部门和单位按照职责做好防暴雨工作,检查城市、农田以及其他重要设施的排水系统,及时清理排水管道,做好排涝工作。

2. 交通管理部门应根据路况,增加交通信息提示的次数,在强降雨路段采取交通管制措施,在积水路段实行交通引导。

3. 中小学、幼儿园可提前或推迟上学、放学时间,采取防护措施,确保学生、幼儿上学、放学及在校安全。

4. 驾驶人员应当及时了解交通信息和前方路况,遇到路面或立交桥下积水过深,应尽量绕行,避免强行通过。

5. 行人应避开桥下(尤其是下凹式立交桥下)、涵洞等低洼地区,不要在高楼、广告牌下躲雨或停留;在积水中行走时,要注意观察路面情况。

6. 检查电路、燃气等设施是否安全,切断低洼地带有危险的室外电源,暂停在空旷地方的户外作业,危险地带人员和危房居民应转移到安全场所避雨。

(三)暴雨橙色预警信号

图标：

标准:预计未来可能出现下列条件之一或实况已达到下列条件之一并可能持续:

(1)1 小时降雨量达 40 毫米以上;

(2)3 小时降雨量达 50 毫米以上。

预报用语:预计××(时间),××(地区)将出现(短时)大暴雨。

防御指南:

1. 地方各级人民政府、有关部门和单位按照职责启动防暴雨应急工作,做好城区与郊县的河道、道路与排水管道的清淤、疏通,注意防范山区可能发生的山洪、滑坡、泥石流等灾害。

2. 交通管理部门应当根据暴雨灾害和道路情况,分片分段强化交通管控,设立交通警示标志,疏导交通堵塞。

3. 受暴雨洪涝威胁的危险地带应停课、停业、停止集会,采取专门措施保护幼儿、在校学生和上班人员的安全。

4. 驾驶人员应暂停行驶,将车停靠在地势较高处或安全位置,车内人员到高处躲避。

5. 个人应避免外出,如需出行应尽量搭乘公共交通工具;山区人员要防范山洪,避免渡河,不要沿河床或山谷行走,注意防范山体滑坡、滚石、泥石流;如发现高压线塔倾倒、电线低垂或断折要远离,切勿触摸或接近。

6. 低洼地区房屋门口可放置挡水板、沙袋或设置土坎,地下设施(如地铁)的地面入口处要砌好沙袋,严防雨水倒灌;有雨水漫入室内时,应立即切断电源;危旧房及山洪地质灾害易发区内人员应及时转移到安全地点。

(四)暴雨红色预警信号

图标:

标准:预计未来可能出现下列条件之一或实况已达到下列条件之一并可能持续:

(1)1 小时降雨量达 60 毫米以上；

(2)3 小时降雨量达 100 毫米以上。

预报用语：预计××(时间)，××(地区)将出现(短时)特大暴雨。

防御指南：

1. 地方各级人民政府、有关部门和单位按照职责及时做好城区、郊县及山区暴雨及其次生灾害的应急防御和抢险工作，面向社会滚动发布灾情、灾害风险和旅游风险信息。

2. 交通管理部门应实施高级别交通管制，确保深积水路面、塌陷地面、洪水冲毁区、高压线塔倒塌处、电杆倒折处、高压线垂地处等危险区域有明确标志和专人值守，严禁车辆及行人靠近。

3. 停止集会，停课、停业(除特殊行业外)。

4. 驾驶人员应听从交警指挥，切勿涉入积水不明路段；汽车如陷入深积水区，人员应迅速下车转移。

5. 个人尽量不要外出；如在野外，可选地势较高的民居暂避，尽量不要在山梁或山顶上行走，以防雷击；也不要沿山谷低洼处行走，以防山洪、滑坡、泥石流。

6. 居住在病险水库下游、山体易滑坡地带、泥石流多发区、低洼地区、有结构安全隐患的房屋等危险区域的人群应迅速转移到安全区域。

二、暴雪预警信号

暴雪预警信号分四级，分别以蓝色、黄色、橙色、红色表示。

(一)暴雪蓝色预警信号

图标：

标准：12 小时降雪量将达 4 毫米以上，或者已达 4 毫米且降雪可能持续，对交通及农业可能有影响。

预报用语：预计××(时间)，××(地区)将出现大雪到暴雪。

防御指南：

1. 地方各级人民政府、有关部门和单位按照职责做好防雪灾和防冻害的准备工作。交通、电力、通信、市政等部门应当进行道路、线路巡查维护，做好道路清扫和积雪融化工作。

2. 农、林、养殖业应做好作物、树木防冻害与牲畜防寒准备；对危房、大棚和临时搭建物采取加固措施，及时清除积雪。

3. 有关部门视情况调节居民供暖，燃煤取暖用户注意防范一氧化碳中毒。

4. 尽量减少驾车出行；外出应注意路况，听从指挥，慢速驾驶。

5. 人员外出应少骑自行车，并采取保暖防滑措施；老、弱、病、幼人群尽量减少出行，外出应有人陪护。

（二）暴雪黄色预警信号

图标：

标准： 12 小时降雪量将达 6 毫米以上，或者已达 6 毫米且降雪可能持续。

预报用语： 预计××（时间），××（地区）将出现暴雪。

防御指南：

1. 地方各级人民政府、有关部门和单位按照职责落实防雪灾和防冻害措施，交通、电力、通信、市政等部门及时进行道路、铁路、线路巡查维护，及时清扫道路和融化积雪。

2. 农、林、养殖业应做好作物、树木防冻害与牲畜防寒、防雪灾工作；对危房、大棚和临时搭建物及大树、古树采取加固措施，及时清除棚顶及树上积雪。

3. 有关部门视情况调节居民供暖，燃煤取暖用户注意防范一氧化碳中毒。

4. 减少驾车出行，外出时可给轮胎适当放气，注意路况、保持车距、减速慢行。

5.人员外出要少骑或不骑自行车,出行不穿硬底、光滑底的鞋;老、弱、病、幼人群减少出行,外出时必须有人陪护。

6.尽量不要待在危房中,避免屋塌伤人。

(三)暴雪橙色预警信号

图标:

标准: 6小时降雪量将达10毫米以上,或者已达10毫米且降雪可能持续。

预报用语: 预计××(时间),××(地区)将出现大暴雪。

防御指南:

1.地方各级人民政府、有关部门和单位按照职责做好防雪灾和防冻害的应急工作,交通、电力、通信、市政等部门随时进行道路、铁路、线路巡查维护,随时清扫道路和融化积雪,做好生活必需品调度供应工作。

2.农、林、养殖业做好冻害与雪灾的防御、减缓与救援;及时加固各类易被大雪压垮的大棚、树木、设施与建筑物等,及时清除棚顶及树上积雪。

3.有关部门视情况调节居民供暖,燃煤取暖用户注意防范一氧化碳中毒。

4.必要时中小学、幼儿园可错峰上学、放学,企事业单位错峰上下班。

5.不建议驾车出行,必须外出时可给轮胎适当放气,注意防滑,遇坡道或转弯时提前减速,缓慢通过,慎用刹车装置。

6.人员外出最好选择步行或乘公共交通工具;行走时应避开广告牌、临时搭建物和大树;老、弱、病、幼人群不宜外出;野外出行应戴黑色太阳镜。

7.尽量不要待在危房以及结构不安全的房子中,避免屋塌伤人;雪后化冻时,房檐如果结有长而大的冰凌应及早打掉,以免坠落砸人。

（四）暴雪红色预警信号

图标：

标准：6小时降雪量将达15毫米以上，或者已达15毫米且降雪可能持续。

预报用语：预计××（时间），××（地区）将出现特大暴雪。

防御指南：

1. 地方各级人民政府、有关部门和单位按照职责做好防雪灾和防冻害的应急和抢险工作，职能部门及公共服务、事业单位全面启动减灾、抗灾、救灾工作预案。

2. 有关部门视情况调节居民供暖，燃煤取暖用户注意防范一氧化碳中毒。

3. 必要时停课、停业（除特殊行业外）、停止集会，飞机暂停起降，火车暂停运行，高速公路暂时封闭。

4. 尽量不要驾车出行，必须出行时应减速慢行，避免急刹车；雪地行车时可给轮胎适当放气或安装防滑链。

5. 人员尽量不外出，必须外出时尽量步行或乘公共交通工具；老、弱、病、幼人群尽量不要外出；野外出行应戴防护眼镜；被风雪围困时应及时拨打求救电话。

6. 危旧房屋内的人员要迅速撤出；行人尽量远离大树、广告牌和临时搭建物，避免砸伤；路过桥下、屋檐等处时，要小心观察或绕道通过，以免因冰凌融化脱落伤人。

三、寒潮预警信号

寒潮预警信号分四级，分别以蓝色、黄色、橙色、红色表示。

（一）寒潮蓝色预警信号

图标：

标准：48小时内最低气温将要下降8℃以上，最低气温小于等于4℃，陆地平均风力可达5级以上；或者已经下降8℃以上，最低气温小于等于4℃，平均风力达5级以上，并可能持续。

预报用语：预计××（时间），××（地区）将出现寒潮天气，最低气温下降8℃以上，平均风力可达5级以上。

防御指南：

1. 地方各级人民政府、有关部门和单位按照职责做好防寒潮准备工作。

2. 农、林、养殖业做好作物、树木与牲畜的防冻害准备；设施农业生产企业和农户注意温室内温度调控并及时加固，防止蔬菜和花卉等经济作物遭受冻害。

3. 有关部门视情况调节居民供暖，燃煤取暖用户注意防范一氧化碳中毒。

4. 注意防风，关好门窗，加固室外搭建物。

5. 老、弱、病人群，特别是心血管病人、哮喘病人等对气温变化敏感的人群应减少外出。

6. 个人应注意添衣保暖，做好对大风降温天气的防御准备；出行时，注意戴上帽子、围巾和手套。

（二）寒潮黄色预警信号

图标：

标准：24小时内最低气温将要下降10℃以上，最低气温小于等于4℃，陆地平均风力可达6级以上；或者已经下降10℃以上，最低气温小于等于4℃，平均风力达6级以上，并可能持续。

预报用语:预计××(时间),××(地区)将出现强寒潮天气,最低气温下降 10 ℃以上,平均风力可达 6 级以上。

防御指南:

1. 地方各级人民政府、有关部门和单位按照职责做好防寒潮工作,增强防火安全意识。

2. 农、林、养殖业做好作物、树木与牲畜防冻害工作;设施农业生产企业和农户加强温室内温度调控并及时加固,防止作物遭受冻害。

3. 有关部门视情况调节居民供暖,燃煤取暖用户要注意防范一氧化碳中毒。

4. 大风天气应及时加固围板、棚架、广告牌等易被大风吹动的搭建物,妥善安置易受大风影响的室外物品;停止高空作业及室外高空游乐项目。

5. 老、弱、病、幼人群,特别是心血管病人、哮喘病人等对气温变化敏感的人群尽量不要外出。

6. 个人外出注意防寒,尽量远离施工工地,不应在高大建筑物、广告牌或大树下方停留。

(三)寒潮橙色预警信号

图标:

标准:24 小时内最低气温将要下降 12 ℃以上,最低气温小于等于 0 ℃,陆地平均风力可达 6 级以上;或者已经下降 12 ℃以上,最低气温小于等于 0 ℃,平均风力达 6 级以上,并可能持续。

预报用语:预计××(时间),××(地区)将出现特强寒潮天气,最低气温下降 12 ℃以上,平均风力可达 6 级以上。

防御指南:

1. 地方各级人民政府、有关部门和单位按照职责做好防寒潮的应急工作,排查火灾隐患,防止发生火灾事故。

2. 农、林、养殖业注意防范有可能发生的冰冻现象,强化对大棚、温室、畜舍的防风保温管理,对作物、树木、牲畜等采取有效的防冻措施。

3. 有关部门视情况调节居民供暖,燃煤取暖用户注意防范一氧化碳中毒。

4. 大风天气应及时加固围板、棚架、广告牌等易被大风吹动的搭建物,停止高空作业及室外高空娱乐项目。

5. 老、弱、病人群,特别是心血管病人、哮喘病人等对气温变化敏感的人群避免外出。

6. 个人减少出行,外出时应采取防寒、防风措施,远离施工工地;驾驶人员应注意路况,慢速行驶,不在高大建筑物、广告牌或大树下方停留或停车。

(四)寒潮红色预警信号

图标:　

标准:24 小时内最低气温将要下降 16 ℃以上,最低气温小于等于 0 ℃,陆地平均风力可达 6 级以上;或者已经下降16 ℃以上,最低气温小于等于 0 ℃,平均风力达 6 级以上,并可能持续。

预报用语:预计××(时间),××(地区)将出现极强寒潮天气,最低气温下降 16 ℃以上,平均风力可达 6 级以上。

防御指南:

1. 地方各级人民政府、有关部门和单位按照职责做好防寒潮的应急和抢险工作,加强交通安全、防风、防火工作,避免火借风势,造成重大损失与伤亡。

2. 农、林、养殖业积极采取防霜冻、冰冻等措施,全面加强对作物、树木、牲畜以及大棚、温室、畜舍的防冻害管理。

3. 有关部门视情况调节居民供暖,燃煤取暖用户注意防范一氧化碳中毒。

4. 大风天气应及时加固围板、棚架、广告牌等易被大风吹动的搭建物,停止高空作业及室外高空娱乐项目。

5. 幼儿园、中小学应采取防风防寒措施；老、弱、病、幼人群切勿在大风天外出,特别注意对心血管病人、哮喘病人的护理。

6. 个人应采取防寒、防风措施,严防感冒和冻伤；外出时远离施工工地；驾驶人员应注意路况,慢速行驶,不在高大建筑物、广告牌或大树下方停留或停车。

四、大风预警信号

大风预警信号分四级,分别以蓝色、黄色、橙色、红色表示。

(一)大风蓝色预警信号

图标：

标准：24 小时内可能受大风影响,平均风力可达 6 级以上,或者阵风 7 级以上；或者已经受大风影响,平均风力为 6～7 级,或者阵风 7～8 级,并可能持续。

预报用语：预计××(时间),××(地区)将出现 6 级以上大风,阵风 7 级以上。

防御指南：

1. 地方各级人民政府、有关部门和单位按照职责做好防大风准备工作,密切关注森林、草场和城区防火,机场、铁路和公路管理部门应采取措施保障交通安全。

2. 停止高空和动火作业,停止水上、户外作业和游乐活动。

3. 加固围板、棚架、广告牌等易被大风吹动的搭建物,妥善安置易受大风损坏的室外物品；检查大棚薄膜,修补漏洞,暂停农田灌溉。

4. 个人尽量少骑自行车；在施工工地附近行走时,应尽量远离工地并快速通过；行人与车辆驾驶人员尽量不在高大建筑物、广告牌、临时搭建物或大树的下方停留或停车。

5. 街道、社区、村庄和家庭应加强防火意识,适时采取有效措施,消除火灾隐患。

(二)大风黄色预警信号

图标:

标准:12 小时内可能受大风影响,平均风力可达 8 级以上,或者阵风 9 级以上;或者已经受大风影响,平均风力为 8~9 级,或者阵风 9~10 级,并可能持续。

预报用语:预计××(时间),××(地区)将出现 8 级以上大风,阵风 9 级以上。

防御指南:

1. 地方各级人民政府、有关部门和单位按照职责做好防大风工作,做好森林、草场和城区防火,机场、铁路和公路管理部门应采取适度交通管制,保障交通安全。

2. 停止高空和动火作业,停止水上、户外作业和游乐活动;停止露天集会,并疏散人员。

3. 切断户外危险电源,加固围板、棚架、广告牌等易被大风吹动的搭建物,妥善安置易受大风影响的室外物品。

4. 驾车尽量减速慢行,尽量不要在高楼、大树等下方停车。

5. 外出时尽量避免骑自行车,避免在高大建筑物、广告牌、临时搭建物或大树下方停留。

(三)大风橙色预警信号

图标:

标准:6 小时内可能受大风影响,平均风力可达 10 级以上,或者阵风 11 级以上;或者已经受大风影响,平均风力为 10~11 级,或者阵风 11~12 级,并可能持续。

预报用语:预计××(时间),××(地区)将出现 10 级以上大风,阵风 11 级以上。

防御指南：

1. 地方各级人民政府、有关部门和单位按照职责启动防大风应急工作，做好森林、草场和城区等的防火工作，机场、铁路和交通管理部门应采取交通管制措施，保障交通安全。

2. 停止高空和动火作业，停止水上、户外作业和一切露天集体活动，房屋抗风能力较弱的中小学校和单位应当停课、停业。

3. 切断户外危险电源，加固围板、棚架、广告牌等易被大风吹动的搭建物，妥善安置易受大风影响的室外物品，疏散、转移危险地带和危房中的居民。

4. 驾车尽量减速慢行，转弯时要小心控制车速，防止侧翻，不要在高楼、大树等下方停车。

5. 人员减少外出，老人和小孩尽量不要外出；外出人员尽量不要在高大建筑物、广告牌、临时搭建物或大树下方停留。

(四)大风红色预警信号

图标：

标准：6 小时内可能受大风影响，平均风力可达 12 级以上，或者阵风 13 级以上；或者已经受大风影响，平均风力为 12 级以上，或者阵风 13 级以上，并可能持续。

预报用语：预计××(时间)，××(地区)将出现 12 级以上大风，阵风 13 级以上。

防御指南：

1. 地方各级人民政府、有关部门和单位按照职责做好防大风应急和抢险工作，做好全市防火工作，机场、铁路和交通管理部门应立即实施交通管制。

2. 停止一切露天活动，中小学校和有关单位针对强风时段适时停课、停业，躲避风灾。

3. 切断户外危险电源,立即疏散、转移危险地带和危房中的居民。

4. 驾驶人员立刻将车辆停靠在安全地带,并到安全场所避风。

5. 室内人员应关好门窗,并在窗玻璃上贴上"米"字形胶条,防止玻璃破碎,并远离窗口,以免强风席卷沙石击破玻璃伤人;户外人员及时到安全场所躲避。

五、沙尘(暴)预警信号

沙尘(暴)预警信号分四级,分别以蓝色、黄色、橙色、红色表示。

(一)沙尘蓝色预警信号

图标:

标准:12 小时内可能出现扬沙或浮尘天气,或者已经出现扬沙或浮尘天气并可能持续。

预报用语:预计××(时间),××(地区)将出现扬沙或浮尘天气。

防御指南:

1. 地方各级人民政府、有关部门和单位按照职责做好防沙尘工作。

2. 暂停露天集会和室外体育活动。

3. 关好门窗,加固围板、棚架、广告牌等易被风吹动的搭建物,妥善安置易受大风影响的室外物品,遮盖建筑物资。

4. 尽量减少外出,老人、儿童及患有呼吸道过敏性疾病的人群不要到室外活动;人员外出时可佩戴口罩、纱巾等防尘用品,外出归来应清洗面部和鼻腔。

(二)沙尘暴黄色预警信号

图标:

标准:12 小时内可能出现沙尘暴天气,能见度小于 1000 米;或者已经出现沙尘暴天气并可能持续。

预报用语：预计××（时间），××（地区）将出现沙尘暴天气，能见度小于 1000 米。

防御指南：

1. 地方各级人民政府、有关部门和单位按照职责做好防沙尘暴工作。

2. 停止露天集会和室外体育活动。

3. 关好门窗，加固围板、棚架、广告牌等易被风吹动的搭建物，妥善安置易受大风影响的室外物品，遮盖建筑物资，做好精密仪器的密封工作。

4. 驾驶人员要密切关注路况，减速慢行。

5. 减少外出，老人、儿童及呼吸道过敏性疾病患者不宜出门；必须外出时，应佩戴口罩、纱巾等防尘用品，外出归来尽快清洗面部和鼻腔。

（三）沙尘暴橙色预警信号

图标：

标准：6 小时内可能出现强沙尘暴天气，能见度小于 500 米；或者已经出现强沙尘暴天气并可能持续。

预报用语：预计××（时间），××（地区）将出现强沙尘暴天气，能见度小于 500 米。

防御指南：

1. 地方各级人民政府、有关部门和单位按照职责启动防沙尘暴应急工作，交通、卫生等部门和单位应立即采取措施，保障交通和卫生安全，民航机场和高速公路应根据能见度变化，适时关闭，有关部门和单位注意关注森林、草场和城区的防火工作。

2. 停止露天集会、体育活动以及高空、水上等户外生产作业和游乐活动。

3. 立即关闭门窗，必要时可用胶条对门窗进行密封；加固易被风吹动的搭建物,安置和遮盖好易受大风影响的室外物品,密封好精密仪器。

4. 驾驶人员要密切关注路况,谨慎驾驶,减速慢行。

5. 避免外出,加强对老人、儿童及呼吸道疾病患者的护理;户外人员应当戴好口罩、纱巾等防沙尘用品;外出归来,应尽快清洗鼻、嘴、眼、耳中的沙尘及有害物质。

(四)沙尘暴红色预警信号

图标:

标准:6小时内可能出现特强沙尘暴天气,能见度小于50米;或者已经出现特强沙尘暴天气并可能持续。

预报用语:预计××(时间),××(地区)将出现特强沙尘暴天气,能见度小于50米。

防御指南:

1. 地方各级人民政府、有关部门和单位按照职责做好防沙尘暴应急和抢险工作,交通、卫生等部门和单位立即采取相应的交通管制和卫生安全行动,有关部门和单位做好森林、草场和城区防火工作。

2. 停止户外作业和露天活动;学校、幼儿园推迟上学、放学,必要时停课。

3. 飞机暂停起降,火车暂停营运,高速公路暂时封闭。

4. 驾车尽量减速慢行,能见度很差时应停靠在路边安全地带。

5. 紧闭或密封门窗,不要外出;对老人、儿童及心血管病人、呼吸道病人实施特别护理;必须出行时,用纱巾、风镜和口罩保护鼻、眼、口,要注意交通安全和人身安全。

6. 出行归来后,应尽快漱口刷牙,用清水洗眼,用蘸酒精的棉签洗耳,用浓度约0.9%的盐水冲洗鼻腔,将鼻、嘴、眼、耳中的各类有害物质清洗干净。

六、高温预警信号

高温预警信号分四级,分别以蓝色、黄色、橙色、红色表示。

(一)高温蓝色预警信号

图标:

标准:连续两天日最高气温将在35 ℃以上。

预报用语:预计××(时间),××(地区)日最高气温将连续两天达35 ℃以上。

防御指南:

1. 地方各级人民政府、有关部门和单位按照职责做好防暑降温准备工作,市政、水务、电力等部门和单位注意采取适当的应对措施。

2. 高温环境下长时间进行户外作业的人员应采取必要的防护措施。

3. 高温时段尽量减少户外活动;必须外出时,应在出行前做好防晒准备,备好遮阳物和防暑药品、饮用水。

4. 对老、弱、病、幼人群提供防暑降温指导;注意饮食卫生和适当休息,不宜长时间吹空调,浑身大汗时不宜冲凉水澡。

(二)高温黄色预警信号

图标:

标准:连续三天日最高气温将在35 ℃以上。

预报用语:预计××(时间),××(地区)日最高气温将连续三天达35 ℃以上。

防御指南:

1. 地方各级人民政府、有关部门和单位按照职责做好防暑降温工作,市政、水务、建筑、卫生、电力等部门和单位应及时采取有效的应对措施。

2. 高温环境下长时间进行露天作业的人员应当采取必要的防暑降温措施,备好清凉饮料和中暑急救药品。

3. 对汽车进行合理养护,开车注意交通安全,严禁疲劳驾驶。

4. 有老、弱、病、幼人员的家庭应备好常用的防暑降温药品,并提供防暑降温指导及一定的照料。

5. 高温时段应减少户外活动,必须出行时,应准备好防晒用具,在户外要打遮阳伞,戴遮阳帽和太阳镜,涂抹防晒霜,避免强光晒伤皮肤。

6. 持续高温天气容易使人疲倦、烦躁和发怒,应注意调节情绪,保证充分休息。

（三）高温橙色预警信号

图标:

标准:24小时内最高气温将升至37 ℃以上。

预报用语:预计××(时间),××(地区)日最高气温将达37 ℃以上。

防御指南:

1. 地方各级人民政府、有关部门和单位按照职责落实防暑降温保障措施,市政、公安、建筑、电力、卫生等部门和单位应立即采取措施,保障生产、消防、卫生安全和城市供水、供电。

2. 高温时段避免剧烈运动和高强度作业,高温条件下作业的人员应当缩短连续工作时间,必要时停止生产作业。

3. 驾驶人员要保证睡眠充足,严禁疲劳驾驶;车内勿放易燃物品,开车前应检查车况,严防车辆自燃。

4. 注意对老、弱、病、幼人群,特别是高血压、心肺疾病患者的照料护理,如有胸闷、气短等症状应及时就医。

5. 避免长时间户外活动,合理安排外出活动时间,避开中午和午后,外出时采取有效的遮阳防晒措施。

6. 高温高湿条件下人易疲倦,要合理调整作息时间,中午适当休息,保持良好心态。

(四)高温红色预警信号

图标:

标准:24 小时内最高气温将升至 40 ℃以上。

预报用语:预计××(时间),××(地区)日最高气温将达 40 ℃以上。

防御指南:

1. 地方各级人民政府、有关部门和单位按照职责启动和实施防暑降温应急措施,密切关注保障整个城市安全运行的各项工作。

2. 供电部门防范用电量过高及电线变压器等电力负载过大而引发的事故,消防部门加大值班警力投入,有关部门和单位都要特别注意防火。

3. 高温时段停止户外作业(除特殊行业外)和户外活动,中小学、幼儿园在高温时段停课休息。

4. 驾驶人员要保证睡眠充足,避免疲劳驾驶;车内勿放易燃物品,开车前应检查车况、水箱和电路,严防车辆自燃。

5. 加强对老、弱、病、幼人群,特别是高血压、心肺疾病患者的照料护理,如有胸闷、气短等症状应及时就医。

6. 高温时段不进行户外活动,出行避开中午和午后,外出时采取有效的遮阳防晒措施。

7. 高温时应备好防暑降温药品,多饮用凉白开、冷盐水等防暑饮品;室内空调的温度不宜过低,节约用水用电。

七、干旱预警信号

干旱预警信号分两级,分别以橙色、红色表示。干旱指标等级划分,以《气象干旱等级》(GB/T 20481—2006)中的综合气象干旱指数为标准。

（一）干旱橙色预警信号

图标：

标准：预计未来一周综合气象干旱指数达到重旱（气象干旱为25～50年一遇），或者某一县（区）有40％以上的农作物受旱。

预报用语：预计××（时间），××（地区）气象干旱等级将达重旱。

防御指南：

1. 地方各级人民政府、有关部门和单位按照职责启动和做好防御干旱的应急工作，保持电力系统正常运行，启用抗旱措施。

2. 有关部门启用应急备用水源，调度辖区内一切可用水源，优先保障城乡居民生活用水和牲畜饮水。

3. 气象部门适时进行人工增雨作业。

4. 压减城镇和工业供水指标，限制非生产性高耗水及服务业用水（如洗车），限制排放工业污水。

5. 优先保证保护地、经济作物与高产地块的灌溉用水，限制粗放型、高耗水作物的灌溉用水，鼓励利用滴灌和喷灌的技术抗旱。

6. 家庭和个人注意节约用水。

（二）干旱红色预警信号

图标：

标准：预计未来一周综合气象干旱指数达到特旱（气象干旱为50年以上一遇），或者某一县（区）有60％以上的农作物受旱。

预报用语：预计××（时间），××（地区）气象干旱等级将达特旱。

防御指南：

1. 地方各级人民政府、有关部门和单位按照职责做好防御干旱的应急和救灾工作，确保供电安全，实施综合性抗旱措施。

2. 各级政府和有关部门启动远距离调水等应急供水方案,采取打井、车载送水等多种手段,确保城乡居民基本生活用水和牲畜饮水。

3. 气象部门适时加大人工增雨作业力度。

4. 加强水资源调节力度,控制小水电站发电用水,加强雨水收集和再生水的开发利用。

5. 缩小或者阶段性停止农业灌溉供水,并做好灾后补救。

6. 严禁非生产性高耗水及服务业用水,停止排放工业污水。

7. 家庭和个人应特别注意节约用水。

八、雷电预警信号

雷电预警信号分三级,分别以黄色、橙色、红色表示。

(一)雷电黄色预警信号

图标:

标准: 6小时内可能发生雷电活动(并伴有短时大风),有可能出现雷电灾害事故。

预报用语: 预计××(时间),××(地区)可能发生雷电活动(并伴有短时大风),可能会造成雷电灾害事故。

防御指南:

1. 地方各级人民政府、有关部门和单位按照职责做好防雷工作,组织检查存在雷击隐患的单位或部门。

2. 公园、游乐场等露天场所停止户外设施运行,并疏导游人到安全场所。

3. 应停止登山、游泳、钓鱼等户外活动(运动),及时躲避到有防雷装置的建筑物内。

（二）雷电橙色预警信号

图标：

标准：2 小时内可能发生雷电活动并伴有 6 级以上短时大风；或者已经有雷电及 6 级以上短时大风发生，并可能持续，出现雷电和大风灾害事故的可能性很大。

预报用语：预计××（时间），××（地区）可能发生雷电活动并伴有 6 级以上短时大风，出现雷电和大风灾害事故的可能性很大。

防御指南：

1. 地方各级人民政府、有关部门和单位按照职责落实防雷应急措施。

2. 公园、游乐场等露天场所停止户外设施运行，并疏导游人到安全场所。

3. 停止户外运动或作业，及时躲避到有防雷装置的建筑物内。

4. 不要在大树下避雨，远离高塔、烟囱、电线杆、广告牌等高耸物；不要停留在山顶、山脊、楼顶、水边或空旷地带；不宜使用手机。

5. 在空旷场地不要打伞，不要把农具、羽毛球拍、高尔夫球杆等带金属的物体扛在肩上，应在地势较低处下蹲，降低身体高度。

6. 室内人员应关好门窗并与之保持安全距离，不要触碰水、燃气、暖气等的金属管道，切勿洗澡，避免使用固定电话、电脑、电视等电器设备。

（三）雷电红色预警信号

图标：

标准：2 小时内可能发生雷电活动并伴有 8 级以上短时大风；或者已经有强烈雷电及 8 级以上短时大风发生，并可能持续，出现雷电和大风灾害事故的可能性非常大。

预报用语:预计××(时间),××(地区)可能发生雷电活动并伴有8级以上短时大风,出现雷电和大风灾害事故的可能性非常大。

防御指南:

1. 地方各级人民政府、有关部门和单位按照职责做好防雷应急抢险工作。

2. 公园、游乐场等露天场所应停止户外设施运行,并疏导游人到安全场所。

3. 停止所有户外活动,及时躲避到有防雷装置的建筑物内。

4. 不要在大树下避雨,远离高塔、烟囱、电线杆、广告牌等高耸物;不要停留在山顶、山脊、楼顶、水边或空旷地带;不宜使用手机;切勿接触天线、水管、铁丝网、金属门窗、建筑物外墙,远离电线等带电设备和其他类似的金属装置。

5. 在空旷场地不要打伞,不要把农具、羽毛球拍、高尔夫球杆等带金属的物体扛在肩上,应在地势较低处下蹲,降低身体高度。

6. 室内人员应关好门窗并与之保持安全距离,不要触碰水、燃气、暖气等的金属管道,切勿洗澡,避免使用固定电话、电脑、电视等电器设备。

7. 对被雷击中人员,应立即采用心肺复苏法抢救,同时将病人迅速送往医院;发生雷击火灾时应立刻切断电源,并迅速拨打报警电话,不要在未断电时泼水救火。

九、冰雹预警信号

冰雹预警信号分三级,分别以黄色、橙色、红色表示。

(一)冰雹黄色预警信号

图标:

标准:6小时内可能或已经在部分地区出现分散的冰雹,可能造成一定的损失。

预报用语:预计××(时间),××(地区)将出现分散的冰雹,可能造成一定的损失。

防御指南:

1. 地方各级人民政府、有关部门和单位按照职责做好冰雹防御应对工作;气象部门启动人工防雹作业准备并择机进行作业。

2. 加强农作物和温室、畜舍的防护措施;妥善保护易受冰雹袭击的汽车等室外物品或者设备。

3. 人员不要随意外出,户外行人到安全的地方暂避,不要待在室外或空旷的地方;户外行车应尽快停靠在可躲避处。

4. 注意防御冰雹天气伴随的雷电灾害。

(二)冰雹橙色预警信号

图标:

标准:6小时内可能出现冰雹天气,并可能造成雹灾。

预报用语:预计××(时间),××(地区)将出现冰雹天气,并可能造成雹灾。

防御指南:

1. 地方各级人民政府、有关部门和单位按照职责做好防冰雹的应急工作;气象部门做好人工防雹作业准备并择机进行作业。

2. 户外作业人员应暂时停工,到室内暂避;小学、幼儿园暂停户外活动,确保学生和幼儿上学、放学及在校安全。

3. 妥善保护易受冰雹袭击的室外物品或设备,将汽车停放在车库等安全位置;对温室、畜舍等采取加固措施。

4. 人员避免外出,保证老人、小孩待在家中;户外行人到安全的地方暂避。

5. 雷电常伴随冰雹同时发生,户外人员不要进入孤立的建筑物内,不要在高楼、烟囱、电线杆或大树下停留,应到坚固又防雷处躲避。

（三）冰雹红色预警信号

图标：

标准：2 小时内出现冰雹的可能性极大，并可能造成重雹灾。

预报用语：预计××（时间），××（地区）将出现冰雹天气，并可能造成重雹灾。

防御指南：

1. 地方各级人民政府、有关部门和单位按照职责做好防冰雹的应急和抢险工作，气象部门适时开展人工防雹作业。

2. 停止所有户外活动，疏导人员到安全场所；中小学、幼儿园采取防护措施，确保学生和幼儿上学、放学及在校安全。

3. 行车途中如遇降雹，应在安全处停车，坐在车内静候降雹停止。

4. 人员切勿外出，确保老人、小孩待在家中；户外行人立即到安全的地方躲避。

5. 紧闭室内门窗，保护并安置好易受冰雹、雷电、大风影响的室外物品；车辆停放在车库等安全位置；及时驱赶畜禽入舍，加固温室和畜舍。

6. 雷电常伴随冰雹同时发生，户外人员不要进入孤立的建筑物内，不要在高楼、烟囱、电线杆或大树下停留，应到坚固又防雷处躲避。

十、霜冻预警信号

霜冻预警信号分三级，分别以蓝色、黄色、橙色表示。

（一）霜冻蓝色预警信号

图标：

标准：48 小时内地面最低温度将要下降到 0 ℃以下，对农业将产生影响，或者已经降到 0 ℃以下，对农业已经产生影响，并可能持续。

预报用语:预计××(时间),××(地区)地面最低温度将下降到0
℃以下,对农业将产生影响。

防御指南:

1. 政府及农林主管部门按照职责做好防霜冻准备工作。

2. 农业部门及有关单位应及时组织群众防霜冻,避免和减少
损失。

3. 对粮食作物、蔬菜、花卉、瓜果、林业育种应采取覆盖、灌溉等防
护措施,加强对瓜菜苗床的保护。

4. 农村基层组织和农户应关注当地霜冻预警信息,以便采取有针
对性的防霜冻措施,避免冻害损失。

(二)霜冻黄色预警信号

图标:

标准:24小时内地面最低温度将要下降到−3℃以下,对农业将
产生严重影响,或者已经降到−3℃以下,对农业已经产生严重影响,
并可能持续。

预报用语:预计××(时间),××(地区)地面最低温度将下降到
−3℃以下,对农业将产生严重影响。

防御指南:

1. 政府及农林主管部门按照职责做好防霜冻应急工作。

2. 农业部门及有关单位应抓住最佳时段,发动农村基层组织防霜
冻抗灾,避免和减少损失。

3. 蔬菜育苗温室和大棚夜间应覆盖草帘;菜苗、瓜苗的移栽和喜
温作物的春播应推迟到霜冻结束后进行。

4. 农村基层组织和农户要适时对蔬菜、花卉、瓜果等经济作物采
取增温、覆盖、熏烟、喷雾、喷洒防冻液等措施,减轻冻害。

（三）霜冻橙色预警信号

图标：

标准：24 小时内地面最低温度将要下降到－5 ℃以下，对农业将产生严重影响，或者已经降到－5 ℃以下，对农业已经产生严重影响，并将持续。

预报用语：预计××（时间），××（地区）地面最低温度将下降到－5 ℃以下，对农业将产生严重影响。

防御指南：

1. 政府及农林主管部门按照职责做好防霜冻应急工作。

2. 农业部门及有关单位要抓紧时间，组织防霜冻抗灾，避免和减少损失。

3. 对农作物及时采取覆盖、熏烟、灌溉等防冻措施，以避免和减少损失。夜间要严密覆盖瓜菜育苗温室大棚，早晨推迟揭帘。

4. 农村基层组织和农户要因地制宜地及时对蔬菜、花卉、瓜果等经济作物和大田作物采取灌溉、喷施抗寒制剂、人工熏烟、覆盖地膜等措施。

5. 对春霜冻受害作物，要根据受冻程度分别采取加强水肥管理、补种补栽、毁种改种等补救措施；对秋霜冻受害作物，要及时收获可利用部分，及时处理不可利用部分。

十一、大雾预警信号

大雾预警信号分三级，分别以黄色、橙色、红色表示。

（一）大雾黄色预警信号

图标：

标准：12 小时内可能出现浓雾天气，能见度小于 500 米；或者已经出现能见度小于 500 米、大于等于 200 米的浓雾并可能持续。

预报用语:预计××(时间)、××(地区)将出现浓雾,能见度小于 500 米。

防御指南:

1. 地方各级人民政府、有关部门和单位按照职责做好防雾准备工作。

2. 机场、高速公路及城市交通管理部门应采取管制措施,保障交通安全。

3. 出行前应关注交通信息,驾驶人员注意雾的变化,小心驾驶。

4. 浓雾天空气质量较差,不宜晨练,应尽量减少户外活动,出门最好戴上口罩,老人、儿童和心肺病人不宜外出。

5. 外出回来后,及时清洗面部及裸露的皮肤。

(二)大雾橙色预警信号

图标:

标准:6 小时内可能出现浓雾天气,能见度小于 200 米;或者已经出现能见度小于 200 米、大于等于 50 米的浓雾并可能持续。

预报用语:预计××(时间)、××(地区)将出现浓雾,能见度小于 200 米。

防御指南:

1. 有关部门和单位按照职责做好防雾准备工作。

2. 机场、高速公路及城市交通管理部门加强交通调度指挥。

3. 机场和高速公路可能因浓雾停航或封闭,出行前应查清路况、航班信息,调整出行计划。

4. 驾驶人员应及时开启雾灯,减速慢行,保持车距。

5. 浓雾天空气质量差,应减少户外活动,暂停晨练,外出应戴上口罩,老人、儿童和心肺病人不要外出,中小学停止户外体育课。

6. 外出回来后,立即清洗面部及裸露的皮肤。

(三)大雾红色预警信号

图标：

标准：2 小时内可能出现强浓雾天气,能见度小于 50 米;或者已经出现能见度小于 50 米的强浓雾并可能持续。

预报用语：预计××(时间),××(地区)将出现强浓雾,能见度小于 50 米。

防御指南：

1. 有关部门和单位按照职责做好防强浓雾应急工作。

2. 机场、高速公路及城市交通管理部门应按照行业规定适时采取交通安全管制措施,并及时发布飞机停飞、公路封闭信息。

3. 减少开车外出;必须驾车时,驾驶人员应开启雾灯和双闪,减速慢行,与前车保持足够的制动距离。

4. 强浓雾天空气质量很差,不要进行户外活动,外出时戴上口罩,老人、儿童和心肺病人不要外出,中小学停止户外体育课。

5. 外出回来后,立即清洗面部及裸露的皮肤。

十二、霾预警信号

霾预警信号分为三级,分别以黄色、橙色和红色表示。

(一)霾黄色预警信号

图标：

标准：预计未来 24 小时内可能出现下列条件之一或实况已达到下列条件之一并可能持续:

(1)能见度小于 3000 米且相对湿度小于 80% 的霾;

(2)能见度小于 3000 米且相对湿度大于等于 80%,$PM_{2.5}$ 浓度大于 115 微克/米^3 且小于等于 150 微克/米^3;

(3)能见度小于 5000 米,PM$_{2.5}$浓度大于 150 微克/米^3 且小于等于 250 微克/米^3。

预报用语:预计××(时间),××(地区)将出现中度霾,易形成中度空气污染。

防御指南:

1. 地方各级人民政府、有关部门和单位按照职责做好防霾准备工作。

2. 排污单位采取措施,控制会产生污染物的生产环节,减少污染物排放。

3. 减少户外活动和室外作业时间,避免晨练;缩短开窗通风时间,尤其避免早、晚开窗通风;老人、儿童及患有呼吸系统疾病的易感人群应留在室内,停止户外活动。

4. 外出时最好戴口罩,尽量乘坐公共交通工具出行,减少小汽车上路行驶;外出归来,应清洗面部、鼻腔及裸露的皮肤。

(二)霾橙色预警信号

图标:　

标准:预计未来 24 小时内可能出现下列条件之一或实况已达到下列条件之一并可能持续:

(1)能见度小于 2000 米且相对湿度小于 80%的霾;

(2)能见度小于 2000 米且相对湿度大于等于 80%,PM$_{2.5}$浓度大于 150 微克/米^3 且小于等于 250 微克/米^3;

(3)能见度小于 5000 米,PM$_{2.5}$浓度大于 250 微克/米^3 且小于等于 500 微克/米^3。

预报用语:预计××(时间),××(地区)将出现重度霾,易形成重度空气污染。

防御指南:

1. 地方各级人民政府、有关部门和单位按照职责做好防霾工作。

2. 排污单位采取措施,控制会产生污染物的生产环节,减少污染物排放。

3. 避免户外活动,关闭房屋门窗,等到预警信号解除后再开窗换气;老人、儿童及患有呼吸道疾病的人群应留在室内。

4. 尽量少用空调,降低能源消耗;驾驶人员停车时及时熄火,减少车辆原地怠速运行。

5. 外出时戴上口罩,尽量乘坐公共交通工具出行,减少小汽车上路行驶;外出归来,及时清洗面部、鼻腔及裸露的皮肤。

(三)霾红色预警信号

图标:

标准:预计未来 24 小时内可能出现下列条件之一或实况已达到下列条件之一并可能持续:

(1)能见度小于 1000 米且相对湿度小于 80% 的霾;

(2)能见度小于 1000 米且相对湿度大于等于 80%,$PM_{2.5}$ 浓度大于 250 微克/米^3 且小于等于 500 微克/米^3;

(3)能见度小于 5000 米,$PM_{2.5}$ 浓度大于 500 微克/米^3。

预报用语:预计××(时间),××(地区)将出现严重霾,易形成严重空气污染。

防御指南:

1. 地方各级人民政府、有关部门和单位按照职责做好防霾应急工作。

2. 排污单位采取措施,控制会产生污染物的生产环节,减少污染物排放。

3. 停止户外活动,关闭房屋门窗,等到预警解除后再开窗换气;老人、儿童及患有呼吸道疾病的人群应留在室内。

4. 少用空调以降低能源消耗;驾驶人员减少机动车日间加油,停车时及时熄火,减少车辆原地怠速运行。

5. 外出时戴上口罩，尽量乘坐公共交通工具出行，减少小汽车上路行驶；外出归来，立即清洗面部、鼻腔及裸露的皮肤。

十三、道路结冰预警信号

道路结冰预警信号分三级，分别以黄色、橙色、红色表示。

(一)道路结冰黄色预警信号

图标：

标准： 当路表温度低于 0 ℃，出现雨雪，24 小时内可能出现道路结冰，对交通有影响。

预报用语： 预计××(时间)，××(地区)将出现雨(雪)，易形成道路结冰，对交通有影响。

防御指南：

1. 交通、公安等部门按照职责做好应对道路结冰的准备工作。

2. 驾驶人员应注意路况，减速慢行。

3. 人员外出尽量乘坐公共交通工具，少骑自行车或电动车，注意远离、避让车辆；老、弱、病、幼人群尽量减少外出。

(二)道路结冰橙色预警信号

图标：

标准： 当路表温度低于 0 ℃，出现冻雨或雨雪，6 小时内可能出现道路结冰，对交通有较大影响。

预报用语： 预计××(时间)，××(地区)将出现冻雨(或雨、雪)，易形成道路结冰，对交通有较大影响。

防御指南：

1. 交通、公安等部门按照职责做好道路结冰应急工作，注意指挥和疏导行驶车辆。

2. 驾驶人员应采取防滑措施,安装轮胎防滑链或给轮胎适当放气,听从交警指挥,慢速行驶,不超车、加速、急转弯或紧急制动,停车时多用换挡,少制动,防止侧滑。

3. 人员外出尽量乘坐公共交通工具,注意远离、避让车辆;老、弱、病、幼人群尽量避免外出,出行需有人陪同。

4. 机场、高速公路可能会停航或封闭,出行前应注意查询路况与航班信息。

(三)道路结冰红色预警信号

图标：

标准: 当路表温度低于 0 ℃,出现冻雨或雨雪,2 小时内可能出现或者已经出现道路结冰,对交通有很大影响。

预报用语: 预计××(时间),××(地区)将出现冻雨(或雨、雪),易形成道路结冰,对交通有很大影响。

防御指南:

1. 交通、公安等部门做好道路结冰应急和抢险工作。

2. 交通、公安等部门注意指挥和疏导行驶车辆,必要时关闭结冰道路;机场和公路管理部门积极采取破冰、融冰措施。

3. 驾驶人员需采取防滑措施,安装轮胎防滑链或给轮胎适当放气,听从交警指挥,慢速行驶,不超车、加速、急转弯或紧急制动,停车时多用换挡,少制动,防止侧滑。

4. 人员尽量减少外出,必须外出时尽量乘坐公共交通工具,注意远离、避让车辆;老、弱、病、幼人群不要外出。

5. 机场、高速公路可能会停航或封闭,出行前应注意查询路况与航班信息。

十四、电线积冰预警信号

电线积冰预警信号分两级,分别以黄色、橙色表示。

(一)电线积冰黄色预警信号

图标:

标准:出现降雪、雾凇、雨凇等天气后遇低温出现电线积冰,预计未来 24 小时仍将持续。

预报用语:预计××(时间),××(地区)将出现电线积冰。

防御指南:

1. 电力及有关部门按照职责做好电线积冰的防御工作。

2. 驾车或步行尽量避免在有积冰的电线与铁塔下停留或走动,以免冰凌砸落。

(二)电线积冰橙色预警信号

图标:

标准:出现降雪、雾凇、雨凇等天气后遇低温出现严重电线积冰,预计未来 24 小时仍将持续,可能对电网有影响。

预报用语:预计××(时间),××(地区)将出现电线积冰,可能对电网有影响。

防御指南:

1. 电力及有关部门按照职责做好电线积冰的防御工作。

2. 加强对输电线路等重点设备、设施的检查和检修,确保其正常运行,加强对应急物资、装备的检查。

3. 驾车或步行尽量避免在有积冰的电线与铁塔下停留或走动,以免冰凌砸落。

十五、持续低温预警信号

持续低温预警信号分两级,分别以蓝色、黄色表示;在每年 11 月至第二年 3 月期间发布。

(一)持续低温蓝色预警信号

图标：

标准：预计未来可能出现下列条件之一或实况已达到下列条件之一并可能持续：

(1)连续三天平原地区日最低气温低于−10 ℃；

(2)连续三天平原地区日平均气温比常年同期(气候平均值)偏低5 ℃及以上。

预报用语：预计××(时间)，××(地区)将出现持续低温天气，日最低气温低于−10 ℃(或日平均气温比常年同期偏低5 ℃及以上)。

防御指南：

1. 地方各级人民政府、有关部门和单位按照职责做好防御低温准备工作。

2. 农、林、养殖业做好作物、树木防冻害与牲畜防寒准备；设施农业生产企业和农户注意温室内温度的调控，防止蔬菜和花卉等经济作物遭受冻害。

3. 有关部门视情况调节居民供暖，燃煤取暖用户注意防范一氧化碳中毒。

4. 户外长时间作业人员应采取必要的防护措施。

5. 个人外出应注意采取防寒保暖措施。

(二)持续低温黄色预警信号

图标：

标准：预计未来可能出现下列条件之一或实况已达到下列条件之一并可能持续：

(1)连续三天平原地区日最低气温低于−12 ℃；

(2)连续三天平原地区日平均气温比常年同期(气候平均值)偏低

7 ℃及以上。

预报用语:预计××(时间),××(地区)将出现持续低温天气,日最低气温低于−12 ℃(或日平均气温比常年同期偏低 7 ℃及以上)。

防御指南:

1. 地方各级人民政府、有关部门和单位按照职责做好防御低温准备工作。

2. 农、林、养殖业做好作物、树木防冻害与牲畜防寒准备;设施农业生产企业和农户注意温室内温度的调控,防止蔬菜和花卉等经济作物遭受冻害。

3. 有关部门视情况调节居民供暖,燃煤取暖用户注意防范一氧化碳中毒。

4. 户外长时间作业和活动人员应采取必要的防护措施。

5. 个人外出注意戴帽子、围巾和手套,早、晚期间要特别注意防寒保暖。

十六、台风预警信号

台风预警信号分四级,分别以蓝色、黄色、橙色和红色表示。

(一)台风蓝色预警信号

图标:

标准: 24 小时内可能或者已经受热带气旋影响,平均风力达 6 级以上(或阵风达 8 级以上),并可能持续。

预报用语:预计××(时间),××(地区)将受热带气旋影响,平均风力达 6 级以上(或阵风达 8 级以上),并可能持续。

防御指南:

1. 政府及相关部门按照职责做好防台风准备工作,转移住在危房及低洼地区人员,清理排水管道并做好排涝准备,注意防范大风和泥石流等灾害。

2. 采取交通管制措施,加固门窗、围板、棚架、广告牌等易被风吹动的搭建物,切断危险的室外电源。

3. 停止露天集体活动、高空、户外危险作业;幼儿园和中小学采取暂避措施或视情况提前或推迟上学、放学时间。

4. 关好门窗,提前收取露台、阳台上的花盆、晾晒物品等,检查电路、炉火、煤气阀等设施是否安全。

5. 人员不宜外出,出行时避免使用自行车等人力交通工具;遇到大风大雨,应立即到室内躲避,尽量不要在广告牌、铁塔、大树下或近旁停留。

6. 注意台风预报,不去台风可能经过的地区旅游;台风影响期间避免各类室外水上活动。

(二)台风黄色预警信号

图标:

标准: 24 小时内可能或者已经受热带气旋影响,平均风力达 8 级以上(或阵风达 10 级以上),并可能持续。

预报用语: 预计××(时间),××(地区)将受热带气旋影响,平均风力达 8 级以上(或阵风达 10 级以上),并可能持续。

防御指南:

1. 地方各级人民政府、有关部门和单位按照职责做好防台风应急准备工作,及时转移住在危房及低洼地区人员,做好排涝、清理排水管道,以及防大风、暴雨、地质灾害的工作。

2. 采取交通管制措施,立即加固门窗、围板、棚架、广告牌等易被风吹动的搭建物,切断危险的室外电源。

3. 停止露天集体活动、高空、户外危险作业和室内大型集会,并做好人员转移工作;幼儿园和中小学必要时可停课。

4. 室内关闭门窗,在窗玻璃上用胶条贴成"米"字图形,并立即收取室外与阳台上的物品;检查电路、炉火、煤气阀等设施,以确保安全。

5. 机动车驾驶员要关注路况,听从指挥,避开道路积水和交通堵塞区段,或及时将车开到安全处或地下停车场。

6. 人员尽量避免外出。

7. 行人立即到室内躲避,避免在广告牌、铁塔、大树下或近旁停留;停止一切室外水上活动。

(三)台风橙色预警信号

图标:

标准:12 小时内可能或者已经受热带气旋影响,平均风力达 10 级以上(或阵风达 12 级以上),并可能持续。

预报用语:预计××(时间),××(地区)将受热带气旋影响,平均风力达 10 级以上(或阵风达 12 级以上),并可能持续。

防御指南:

1. 地方各级人民政府、有关部门和单位按照职责做好防台风抢险应急工作,立即转移住在危房及低洼地区人员,启动排涝、排水应急工作,加强城市供电线路巡查、检测工作,及时做好防范台风引发的次生灾害。

2. 实施交通管制,园林、建筑部门与有关单位立即强化管理和实施防台风行动,旅游部门立即并持续发布不去台风经过区域旅游的警告。

3. 停止室内外大型集会和户外作业,立即将人员转移到安全地带;幼儿园和中小学校停课;中心商业区及时加强防雨、防风措施,并关门停业。

4. 紧闭房屋门窗,及时在窗玻璃上用胶条贴成"米"字图形并远离窗口,以免强风席卷散物击破玻璃伤人;排查和清除室内电路、炉火、煤气阀等设施隐患,保障安全。

5. 人员车辆避免外出。

6. 驾驶人员在途中突遇台风要密切关注路况,听从指挥,慢速驾驶,立即将车开到安全区域或附近的地下停车场。

7. 行人立即到安全地带躲避,避免在广告牌、铁塔、大树下或近旁停留;立即停止一切室外水上活动。

(四)台风红色预警信号

图标：

标准:6 小时内可能或者已经受热带气旋影响,平均风力达 12 级以上(或阵风达 14 级以上),并可能持续。

预报用语:预计××(时间),××(地区)将受热带气旋影响,平均风力达 12 级以上(或阵风达 14 级以上),并可能持续。

防御指南:

1. 地方各级人民政府、有关部门和单位按照职责做好防台风应急和抢险工作,立即转移危险地带人员及灾民,立即开展排涝、排水抢险工作,并随时启动由台风引发的各种次生灾害(停电、燃气泄漏、火灾等)的应急救援工作。

2. 飞机暂停起降,火车暂停营运,高速公路暂时封闭;暂时关闭景区;做好养殖业、农业防灾工作。

3. 立即停课、停业(除特殊行业外)、停止集会,船只立即停驶。

4. 紧闭房屋每个门窗,立即用胶条密封门窗,并在窗玻璃上用胶条贴成"米"字图形;彻查室内电路、炉火等设施,消除隐患;关闭煤气阀,确保房屋及建筑物安全。

5. 人员、车辆禁止外出;驾驶人员在途中突遇台风必须立刻靠边停车或迅速将车开到最近的安全区域。

6. 行人如遇到台风加上打雷,要采取防雷措施,以最快速度找安全处躲避,避免在广告牌、铁塔、电线杆、大树下或其附近停留。

7. 台风眼经过时,强风暴雨会突然转为风停雨止的短时平静状况,这时不要急于外出,应在安全处多待 1～2 小时,待确认台风完全过境后再外出;台风过后,应搞好环境卫生并注意食品、饮水的安全。

附录 2:北京市通州区气象信息员 管理办法(试行)

第一章　总　则

第一条　为做好通州区气象灾害防御、气象信息传播和气象灾情收集工作,规范本区气象信息员(以下简称"信息员")队伍管理,依据《气象灾害防御条例》和《通州区民政局、气象局加强合作提高防灾减灾框架协议》,制定本办法。

第二条　在各级人民政府的统一领导下,区气象主管机构承担本区信息员队伍的管理工作。

第三条　本办法适用于通州区内乡镇(街道)气象协理员和行政村(社区)信息员队伍的管理工作。

第二章　信息员选聘与任用

第四条　信息员聘任应由所在单位或乡镇(街道)、村(社区)委员会推荐,经本人同意,由区级气象局审核批准备案。

第五条　每个乡镇(街道)至少聘任 1 名气象协理员,每个行政村(社区)至少聘任 1 名信息员,可从乡镇(街道)政府、村委会(社区)防灾减灾或涉农工作人员中选聘产生,也可视情况在社区、企业、学校、农业园区聘任信息员,每个区域气象站的管护人员原则上应聘为信息员。

第六条　信息员的任职条件:

(一)工作事业心和责任心强,关心气象工作,热心公益事业。

(二)长期在责任区工作或居住,熟悉责任区内情况。

(三)具有一定的学习能力,通过培训能掌握基本的气象基础、气象灾害防御和计算机网络应用知识。

(四)拥有固定的办公场所和北京地区中国移动(或中国联通、中国电信)手机及固定电话。

(五)身体健康并有适当的交通工具,能够及时传播气象预警信息,并对气象灾情展开调查、收集和上报工作。

第七条　各级政府部门应尽量保证信息员队伍的稳定,因工作变动或其他原因信息员无法履行职责时应及时向区气象主管机构报告并由各乡镇(街道)、村委会(社区)及时推荐补充新的合适人选。

第八条　信息员有下列情形之一的,应当停止任用:

(一)不履行职责,开展工作不力的。

(二)在重大气象灾害防御工作中失职,造成严重后果的。

(三)有违法乱纪行为或其他原因需要停止任用的。

第三章　信息员权利与义务

第九条　信息员的权利:

(一)优先通过手机短信免费获取气象部门发布的天气预报信息和气象灾害预警信息。

(二)优先接受气象科普知识、气象灾害防御知识和气象灾情调查方法的培训,并获取相关的培训资料。

(三)因工作认真负责、成绩突出被评为优秀气象信息员的,可获得上级气象主管机构给予的表彰和奖励。

第十条　信息员的义务:

(一)手机 24 小时开机,若手机号码发生变更,应及时将新号码上报区气象台(60513489),确保预报预警信息接收正常。

(二)承担面向乡镇(街道)、行政村(社区)及有关单位的决策气象服务;负责本区域内气象灾害预警信息的接收和传播;协助政府组织开展重大气象灾害防御。

(三)负责本区域内气象灾情的收集和报告。协助气象部门开展气象灾情调查和雷电防护、雷击灾害调查,并将灾情信息上报到区气象主管机构,灾情信息应与民政等部门共享。

(四)协助开展土壤墒情、苗情、农业病虫害预警等气象服务;协助开展农业气象服务需求调查。

(五)协助开展本区域内气象法律法规、气象灾害防御知识和气象科普知识的宣传工作;收集并反馈农村气象服务需求和建议。

(六)协助做好本区域内气象设施的日常维护和管护;当气象探测设施遭受破坏时,第一时间向气象主管机构报告。

(七)协助气象主管机构做好其他相关气象工作。

第四章　信息员培训

第十一条　区气象主管机构应积极创造条件开展信息员培训工作,使信息员具备履行职责应有的素质。

第十二条　乡镇(街道)气象协理员每年至少参加一次区级气象主管机构组织的培训,并对辖区内信息员组织开展培训;行政村(社区)信息员每两年至少参加一次区级气象主管机构组织的培训。

第十三条　培训可以采取集中培训和远程培训方式组织。

第十四条　信息员培训的内容主要为气象基础知识、相关法律法规、气象灾害和预警信号识别与防御、气象灾害调查方法及其他相关知识等。

第五章　信息处理

第十五条　区气象主管机构应确保气象预警信息及时传递到信息员手中。

第十六条　区气象台负责 24 小时接收信息员灾情上报,值班电话为 60513489。

第十七条　信息员接到气象灾害预警信息后,应通过短信、广播、板报、电话、敲锣、吹哨、上门或其他因地制宜的方式,以最快的速度将预警信息传递到责任区负责人和公众手中,并协助组织和指导灾害防御工作。

第十八条　信息员认为或者确认有气象灾害发生时,应在确保自身安全的情况下尽快赶往灾害发生地开展灾情调查,并将灾情信息通过电话和信息员网站(网址:http://qxj.bjtzh.gov.cn/,用户名为气象信息员手机号,密码为 123456)于 24 小时内据实上报到区气象主管机构。

第十九条 信息员上报的灾情信息应包括灾害发生的时间、地点、种类、人员伤亡和财产损失等主要内容,在条件允许情况下可附图片信息。

第二十条 区级气象主管机构值班人员收到信息员上报的灾情后应认真进行分类记录,尽快安排相关部门和人员进行核实,并组织人员赴现场开展灾情调查和分析;当灾情显示有人员伤亡或灾害可能加剧时,应立刻向主要领导报告。

第六章　管理与考核

第二十一条 区级气象主管机构应建立信息员沟通交流平台,组织开展多种形式的工作交流。

第二十二条 乡镇(街道)人民政府应将信息员管理工作纳入政府工作考核范围,每年进行考核,对成绩突出的,应给予表彰和奖励。

第二十三条 气象协理员对信息员有管理职能,区气象主管机构每年给予协理员适当的通信补助。

第七章　附　则

第二十四条 本办法由北京市通州区气象局负责解释。
第二十五条 本办法自下发之日起施行。

北京市通州区气象局
2014 年 5 月 30 日

附录 3:气象灾害防御条例

（2010 年 1 月 20 日国务院第 98 次常务会议通过）

第一章　总　则

第一条　为了加强气象灾害的防御,避免、减轻气象灾害造成的损失,保障人民生命财产安全,根据《中华人民共和国气象法》,制定本条例。

第二条　在中华人民共和国领域和中华人民共和国管辖的其他海域内从事气象灾害防御活动的,应当遵守本条例。

本条例所称气象灾害,是指台风、暴雨（雪）、寒潮、大风（沙尘暴）、低温、高温、干旱、雷电、冰雹、霜冻和大雾等所造成的灾害。

水旱灾害、地质灾害、海洋灾害、森林草原火灾等因气象因素引发的衍生、次生灾害的防御工作,适用有关法律、行政法规的规定。

第三条　气象灾害防御工作实行以人为本、科学防御、部门联动、社会参与的原则。

第四条　县级以上人民政府应当加强对气象灾害防御工作的组织、领导和协调,将气象灾害的防御纳入本级国民经济和社会发展规划,所需经费纳入本级财政预算。

第五条　国务院气象主管机构和国务院有关部门应当按照职责分工,共同做好全国气象灾害防御工作。

地方各级气象主管机构和县级以上地方人民政府有关部门应当按照职责分工,共同做好本行政区域的气象灾害防御工作。

第六条　气象灾害防御工作涉及两个以上行政区域的,有关地方人民政府、有关部门应当建立联防制度,加强信息沟通和监督检查。

第七条　地方各级人民政府、有关部门应当采取多种形式,向社会宣传普及气象灾害防御知识,提高公众的防灾减灾意识和能力。

学校应当把气象灾害防御知识纳入有关课程和课外教育内容,培养和提高学生的气象灾害防范意识和自救互救能力。教育、气象等部门应当对学校开展的气象灾害防御教育进行指导和监督。

第八条 国家鼓励开展气象灾害防御的科学技术研究,支持气象灾害防御先进技术的推广和应用,加强国际合作与交流,提高气象灾害防御的科技水平。

第九条 公民、法人和其他组织有义务参与气象灾害防御工作,在气象灾害发生后开展自救互救。

对在气象灾害防御工作中做出突出贡献的组织和个人,按照国家有关规定给予表彰和奖励。

第二章　预　防

第十条 县级以上地方人民政府应当组织气象等有关部门对本行政区域内发生的气象灾害的种类、次数、强度和造成的损失等情况开展气象灾害普查,建立气象灾害数据库,按照气象灾害的种类进行气象灾害风险评估,并根据气象灾害分布情况和气象灾害风险评估结果,划定气象灾害风险区域。

第十一条 国务院气象主管机构应当会同国务院有关部门,根据气象灾害风险评估结果和气象灾害风险区域,编制国家气象灾害防御规划,报国务院批准后组织实施。

县级以上地方人民政府应当组织有关部门,根据上一级人民政府的气象灾害防御规划,结合本地气象灾害特点,编制本行政区域的气象灾害防御规划。

第十二条 气象灾害防御规划应当包括气象灾害发生发展规律和现状、防御原则和目标、易发区和易发时段、防御设施建设和管理以及防御措施等内容。

第十三条 国务院有关部门和县级以上地方人民政府应当按照气象灾害防御规划,加强气象灾害防御设施建设,做好气象灾害防御工作。

第十四条　国务院有关部门制定电力、通信等基础设施的工程建设标准时，应当考虑气象灾害的影响。

第十五条　国务院气象主管机构应当会同国务院有关部门，根据气象灾害防御需要，编制国家气象灾害应急预案，报国务院批准。

县级以上地方人民政府、有关部门应当根据气象灾害防御规划，结合本地气象灾害的特点和可能造成的危害，组织制定本行政区域的气象灾害应急预案，报上一级人民政府、有关部门备案。

第十六条　气象灾害应急预案应当包括应急预案启动标准、应急组织指挥体系与职责、预防与预警机制、应急处置措施和保障措施等内容。

第十七条　地方各级人民政府应当根据本地气象灾害特点，组织开展气象灾害应急演练，提高应急救援能力。居民委员会、村民委员会、企业事业单位应当协助本地人民政府做好气象灾害防御知识的宣传和气象灾害应急演练工作。

第十八条　大风（沙尘暴）、龙卷风多发区域的地方各级人民政府、有关部门应当加强防护林和紧急避难场所等建设，并定期组织开展建（构）筑物防风避险的监督检查。

台风多发区域的地方各级人民政府、有关部门应当加强海塘、堤防、避风港、防护林、避风锚地、紧急避难场所等建设，并根据台风情况做好人员转移等准备工作。

第十九条　地方各级人民政府、有关部门和单位应当根据本地降雨情况，定期组织开展各种排水设施检查，及时疏通河道和排水管网，加固病险水库，加强对地质灾害易发区和堤防等重要险段的巡查。

第二十条　地方各级人民政府、有关部门和单位应当根据本地降雪、冰冻发生情况，加强电力、通信线路的巡查，做好交通疏导、积雪（冰）清除、线路维护等准备工作。

有关单位和个人应当根据本地降雪情况，做好危旧房屋加固、粮草储备、牲畜转移等准备工作。

第二十一条　地方各级人民政府、有关部门和单位应当在高温来临前做好供电、供水和防暑医药供应的准备工作，并合理调整工作时间。

第二十二条 大雾、霾多发区域的地方各级人民政府、有关部门和单位应当加强对机场、港口、高速公路、航道、渔场等重要场所和交通要道的大雾、霾的监测设施建设,做好交通疏导、调度和防护等准备工作。

第二十三条 各类建(构)筑物、场所和设施安装雷电防护装置应当符合国家有关防雷标准的规定。

对新建、改建、扩建建(构)筑物设计文件进行审查,应当就雷电防护装置的设计征求气象主管机构的意见;对新建、改建、扩建建(构)筑物进行竣工验收,应当同时验收雷电防护装置并有气象主管机构参加。雷电易发区内的矿区、旅游景点或者投入使用的建(构)筑物、设施需要单独安装雷电防护装置的,雷电防护装置的设计审核和竣工验收由县级以上地方气象主管机构负责。

第二十四条 专门从事雷电防护装置设计、施工、检测的单位应当具备下列条件,并取得国务院气象主管机构或者省、自治区、直辖市气象主管机构颁发的资质证:

(一)有法人资格;

(二)有固定的办公场所和必要的设备、设施;

(三)有相应的专业技术人员;

(四)有完备的技术和质量管理制度;

(五)国务院气象主管机构规定的其他条件。

从事电力、通信雷电防护装置检测的单位的资质证由国务院气象主管机构和国务院电力或者国务院通信主管部门共同颁发。依法取得建设工程设计、施工资质的单位,可以在核准的资质范围内从事建设工程雷电防护装置的设计、施工。

第二十五条 地方各级人民政府、有关部门应当根据本地气象灾害发生情况,加强农村地区气象灾害预防、监测、信息传播等基础设施建设,采取综合措施,做好农村气象灾害防御工作。

第二十六条 各级气象主管机构应当在本级人民政府的领导和协调下,根据实际情况组织开展人工影响天气工作,减轻气象灾害的影响。

第二十七条 县级以上人民政府有关部门在国家重大建设工程,重大区域性经济开发项目,大型太阳能、风能等气候资源开发利用项目,以及城乡规划编制中,应当统筹考虑气候可行性和气象灾害的风险性,避免、减轻气象灾害的影响。

第三章 监测、预报和预警

第二十八条 县级以上地方人民政府应当根据气象灾害防御的需要,建设应急移动气象灾害监测设施,健全应急监测队伍,完善气象灾害监测体系。

县级以上人民政府应当整合完善气象灾害监测信息网络,实现信息资源共享。

第二十九条 各级气象主管机构及其所属的气象台站应当完善灾害性天气的预报系统,提高灾害性天气预报、警报的准确率和时效性。

各级气象主管机构所属的气象台站,其他有关部门所属的气象台站,以及与灾害性天气监测、预报有关的单位,应当根据气象灾害防御的需要,按照职责开展灾害性天气的监测工作,并及时向气象主管机构和有关灾害防御、救助部门提供雨情、水情、风情、旱情等监测信息。

各级气象主管机构应当根据气象灾害防御的需要组织开展跨地区、跨部门的气象灾害联合监测,并将人口密集区、农业主产区、地质灾害易发区域、重要江河流域、森林、草原、渔场作为气象灾害监测的重点区域。

第三十条 各级气象主管机构所属的气象台站应当按照职责向社会统一发布灾害性天气警报和气象灾害预警信号,并及时向有关灾害防御、救助部门通报;其他组织和个人不得向社会发布灾害性天气警报和气象灾害预警信号。

气象灾害预警信号的种类和级别,由国务院气象主管机构规定。

第三十一条 广播、电视、报纸、电信等媒体应当及时向社会播发或者刊登当地气象主管机构所属的气象台站提供的适时灾害性天气警报、气象灾害预警信号,并根据当地气象台站的要求及时增播、插播或者刊登。

第三十二条　县级以上地方人民政府应当建立和完善气象灾害预警信息发布系统,并根据气象灾害防御的需要,在交通枢纽、公共活动场所等人口密集区域和气象灾害易发区域建立灾害性天气警报、气象灾害预警信号接收和播发设施,并保证设施的正常运转。

乡(镇)人民政府、街道办事处应当确定人员,协助气象主管机构、民政部门开展气象灾害防御知识宣传、应急联络、信息传递、灾害报告和灾情调查等工作。

第三十三条　各级气象主管机构应当做好太阳风暴、地球空间暴等空间天气灾害的监测、预报和预警工作。

第四章　应急处置

第三十四条　各级气象主管机构所属的气象台站应当及时向本级人民政府和有关部门报告灾害性天气预报、警报情况和气象灾害预警信息。

县级以上地方人民政府、有关部门应当根据灾害性天气警报、气象灾害预警信号和气象灾害应急预案启动标准,及时做出启动相应应急预案的决定,向社会公布,并报告上一级人民政府;必要时,可以越级上报,并向当地驻军和可能受到危害的毗邻地区的人民政府通报。

发生跨省、自治区、直辖市大范围的气象灾害,并造成较大危害时,由国务院决定启动国家气象灾害应急预案。

第三十五条　县级以上地方人民政府应当根据灾害性天气影响范围、强度,将可能造成人员伤亡或者重大财产损失的区域临时确定为气象灾害危险区,并及时予以公告。

第三十六条　县级以上地方人民政府、有关部门应当根据气象灾害发生情况,依照《中华人民共和国突发事件应对法》的规定及时采取应急处置措施;情况紧急时,及时动员、组织受到灾害威胁的人员转移、疏散,开展自救互救。

对当地人民政府、有关部门所采取的气象灾害应急处置措施,任何单位和个人应当配合实施,不得妨碍气象灾害救助活动。

第三十七条　气象灾害应急预案启动后,各级气象主管机构应当组织所属的气象台站加强对气象灾害的监测和评估,启用应急移动气象灾害监测设施,开展现场气象服务,及时向本级人民政府、有关部门报告灾害性天气实况、变化趋势和评估结果,为本级人民政府组织防御气象灾害提供决策依据。

第三十八条 县级以上人民政府有关部门应当按照各自职责,做好相应的应急工作。

民政部门应当设置避难场所和救济物资供应点,开展受灾群众救助工作,并按照规定职责核查灾情、发布灾情信息。

卫生主管部门应当组织医疗救治、卫生防疫等卫生应急工作。

交通运输、铁路等部门应当优先运送救灾物资、设备、药物、食品,及时抢修被毁的道路交通设施。

住房城乡建设部门应当保障供水、供气、供热等市政公用设施的安全运行。

电力、通信主管部门应当组织做好电力、通信应急保障工作。

国土资源部门应当组织开展地质灾害监测、预防工作。

农业主管部门应当组织开展农业抗灾救灾和农业生产技术指导工作。

水利主管部门应当统筹协调主要河流、水库的水量调度,组织开展防汛抗旱工作。

公安部门应当负责灾区的社会治安和道路交通秩序维护工作,协助组织灾区群众进行紧急转移。

第三十九条 气象、水利、国土资源、农业、林业、海洋等部门应当根据气象灾害发生的情况,加强对气象因素引发的衍生、次生灾害的联合监测,并根据相应的应急预案,做好各项应急处置工作。

第四十条 广播、电视、报纸、电信等媒体应当及时、准确地向社会传播气象灾害的发生、发展和应急处置情况。

第四十一条 县级以上人民政府及其有关部门应当根据气象主管机构提供的灾害性天气发生、发展趋势信息以及灾情发展情况,按照有关规定适时调整气象灾害级别或者做出解除气象灾害应急措施的决定。

第四十二条　气象灾害应急处置工作结束后,地方各级人民政府应当组织有关部门对气象灾害造成的损失进行调查,制定恢复重建计划,并向上一级人民政府报告。

第五章　法律责任

第四十三条　违反本条例规定,地方各级人民政府、各级气象主管机构和其他有关部门及其工作人员,有下列行为之一的,由其上级机关或者监察机关责令改正;情节严重的,对直接负责的主管人员和其他直接责任人员依法给予处分;构成犯罪的,依法追究刑事责任:

(一)未按照规定编制气象灾害防御规划或者气象灾害应急预案的;

(二)未按照规定采取气象灾害预防措施的;

(三)向不符合条件的单位颁发雷电防护装置设计、施工、检测资质证的;

(四)隐瞒、谎报或者由于玩忽职守导致重大漏报、错报灾害性天气警报、气象灾害预警信号的;

(五)未及时采取气象灾害应急措施的;

(六)不依法履行职责的其他行为。

第四十四条　违反本条例规定,有下列行为之一的,由县级以上地方人民政府或者有关部门责令改正;构成违反治安管理行为的,由公安机关依法给予处罚;构成犯罪的,依法追究刑事责任:

(一)未按照规定采取气象灾害预防措施的;

(二)不服从所在地人民政府及其有关部门发布的气象灾害应急处置决定、命令,或者不配合实施其依法采取的气象灾害应急措施的。

第四十五条　违反本条例规定,有下列行为之一的,由县级以上气象主管机构或者其他有关部门按照权限责令停止违法行为,处5万元以上10万元以下的罚款;有违法所得的,没收违法所得;给他人造成损失的,依法承担赔偿责任:

(一)无资质或者超越资质许可范围从事雷电防护装置设计、施工、检测的;

（二）在雷电防护装置设计、施工、检测中弄虚作假的。

第四十六条 违反本条例规定,有下列行为之一的,由县级以上气象主管机构责令改正,给予警告,可以处 5 万元以下的罚款;构成违反治安管理行为的,由公安机关依法给予处罚:

（一）擅自向社会发布灾害性天气警报、气象灾害预警信号的;

（二）广播、电视、报纸、电信等媒体未按照要求播发、刊登灾害性天气警报和气象灾害预警信号的;

（三）传播虚假的或者通过非法渠道获取的灾害性天气信息和气象灾害灾情的。

第六章 附 则

第四十七条 中国人民解放军的气象灾害防御活动,按照中央军事委员会的规定执行。

第四十八条 本条例自 2010 年 4 月 1 日起施行。

附录 4:气象设施和气象探测环境保护条例

(2012 年 8 月 22 日国务院第 214 次常务会议通过)

第一条 为了保护气象设施和气象探测环境,确保气象探测信息的代表性、准确性、连续性和可比较性,根据《中华人民共和国气象法》,制定本条例。

第二条 本条例所称气象设施,是指气象探测设施、气象信息专用传输设施和大型气象专用技术装备等。

本条例所称气象探测环境,是指为避开各种干扰,保证气象探测设施准确获得气象探测信息所必需的最小距离构成的环境空间。

第三条 气象设施和气象探测环境保护实行分类保护、分级管理的原则。

第四条 县级以上地方人民政府应当加强对气象设施和气象探测环境保护工作的组织领导和统筹协调,将气象设施和气象探测环境保护工作所需经费纳入财政预算。

第五条 国务院气象主管机构负责全国气象设施和气象探测环境的保护工作。地方各级气象主管机构在上级气象主管机构和本级人民政府的领导下,负责本行政区域内气象设施和气象探测环境的保护工作。

设有气象台站的国务院其他有关部门和省、自治区、直辖市人民政府其他有关部门应当做好本部门气象设施和气象探测环境的保护工作,并接受同级气象主管机构的指导和监督管理。

发展改革、国土资源、城乡规划、无线电管理、环境保护等有关部门按照职责分工负责气象设施和气象探测环境保护的有关工作。

第六条 任何单位和个人都有义务保护气象设施和气象探测环

境,并有权对破坏气象设施和气象探测环境的行为进行举报。

第七条　地方各级气象主管机构应当会同城乡规划、国土资源等部门制定气象设施和气象探测环境保护专项规划,报本级人民政府批准后依法纳入城乡规划。

第八条　气象设施是基础性公共服务设施,县级以上地方人民政府应当按照气象设施建设规划的要求,合理安排气象设施建设用地,保障气象设施建设顺利进行。

第九条　各级气象主管机构应当按照相关质量标准和技术要求配备气象设施,设置必要的保护装置,建立健全安全管理制度。

地方各级气象主管机构应当按照国务院气象主管机构的规定,在气象设施附近显著位置设立保护标志,标明保护要求。

第十条　禁止实施下列危害气象设施的行为:

(一)侵占、损毁、擅自移动气象设施或者侵占气象设施用地;

(二)在气象设施周边进行危及气象设施安全的爆破、钻探、采石、挖砂、取土等活动;

(三)挤占、干扰依法设立的气象无线电台(站)、频率;

(四)设置影响大型气象专用技术装备使用功能的干扰源;

(五)法律、行政法规和国务院气象主管机构规定的其他危害气象设施的行为。

第十一条　大气本底站、国家基准气候站、国家基本气象站、国家一般气象站、高空气象观测站、天气雷达站、气象卫星地面站、区域气象观测站等气象台站和单独设立的气象探测设施的探测环境,应当依法予以保护。

第十二条　禁止实施下列危害大气本底站探测环境的行为:

(一)在观测场周边 3 万米探测环境保护范围内新建、扩建城镇、工矿区,或者在探测环境保护范围上空设置固定航线;

(二)在观测场周边 1 万米范围内设置垃圾场、排污口等干扰源;

(三)在观测场周边 1000 米范围内修建建筑物、构筑物。

第十三条　禁止实施下列危害国家基准气候站、国家基本气象站探测环境的行为:

（一）在国家基准气候站观测场周边 2000 米探测环境保护范围内或者国家基本气象站观测场周边 1000 米探测环境保护范围内修建高度超过距观测场距离 1/10 的建筑物、构筑物；

（二）在观测场周边 500 米范围内设置垃圾场、排污口等干扰源；

（三）在观测场周边 200 米范围内修建铁路；

（四）在观测场周边 100 米范围内挖筑水塘等；

（五）在观测场周边 50 米范围内修建公路、种植高度超过 1 米的树木和作物等。

第十四条　禁止实施下列危害国家一般气象站探测环境的行为：

（一）在观测场周边 800 米探测环境保护范围内修建高度超过距观测场距离 1/8 的建筑物、构筑物；

（二）在观测场周边 200 米范围内设置垃圾场、排污口等干扰源；

（三）在观测场周边 100 米范围内修建铁路；

（四）在观测场周边 50 米范围内挖筑水塘等；

（五）在观测场周边 30 米范围内修建公路、种植高度超过 1 米的树木和作物等。

第十五条　高空气象观测站、天气雷达站、气象卫星地面站、区域气象观测站和单独设立的气象探测设施的探测环境保护，应当严格执行国家规定的保护范围和要求。

前款规定的保护范围和要求由国务院气象主管机构公布，涉及无线电频率管理的，国务院气象主管机构应当征得国务院无线电管理部门的同意。

第十六条　地方各级气象主管机构应当将本行政区域内气象探测环境保护要求报告本级人民政府和上一级气象主管机构，并抄送同级发展改革、国土资源、城乡规划、住房建设、无线电管理、环境保护等部门。

对不符合气象探测环境保护要求的建筑物、构筑物、干扰源等，地方各级气象主管机构应当根据实际情况，与有关部门协商提出治理方案，报本级人民政府批准并组织实施。

第十七条　在气象台站探测环境保护范围内新建、改建、扩建建设工程,应当避免危害气象探测环境;确实无法避免的,建设单位应当向国务院气象主管机构或者省、自治区、直辖市气象主管机构报告并提出相应的补救措施,经国务院气象主管机构或者省、自治区、直辖市气象主管机构书面同意。未征得气象主管机构书面同意或者未落实补救措施的,有关部门不得批准其开工建设。

在单独设立的气象探测设施探测环境保护范围内新建、改建、扩建建设工程的,建设单位应当事先报告当地气象主管机构,并按照要求采取必要的工程、技术措施。

第十八条　气象台站站址应当保持长期稳定,任何单位或者个人不得擅自迁移气象台站。

因国家重点工程建设或者城市(镇)总体规划变化,确需迁移气象台站的,建设单位或者当地人民政府应当向省、自治区、直辖市气象主管机构提出申请,由省、自治区、直辖市气象主管机构组织专家对拟迁新址的科学性、合理性进行评估,符合气象设施和气象探测环境保护要求的,在纳入城市(镇)控制性详细规划后,按照先建站后迁移的原则进行迁移。

申请迁移大气本底站、国家基准气候站、国家基本气象站的,由受理申请的省、自治区、直辖市气象主管机构签署意见并报送国务院气象主管机构审批;申请迁移其他气象台站的,由省、自治区、直辖市气象主管机构审批,并报送国务院气象主管机构备案。

气象台站迁移、建设费用由建设单位承担。

第十九条　气象台站探测环境遭到严重破坏,失去治理和恢复可能的,国务院气象主管机构或者省、自治区、直辖市气象主管机构可以按照职责权限和先建站后迁移的原则,决定迁移气象台站;该气象台站所在地地方人民政府应当保证气象台站迁移用地,并承担迁移、建设费用。地方人民政府承担迁移、建设费用后,可以向破坏探测环境的责任人追偿。

第二十条　迁移气象台站的,应当按照国务院气象主管机构的规定,在新址与旧址之间进行至少 1 年的对比观测。

迁移的气象台站经批准、决定迁移的气象主管机构验收合格,正式投入使用后,方可改变旧址用途。

第二十一条　因工程建设或者气象探测环境治理需要迁移单独设立的气象探测设施的,应当经设立该气象探测设施的单位同意,并按照国务院气象主管机构规定的技术要求进行复建。

第二十二条　各级气象主管机构应当加强对气象设施和气象探测环境保护的日常巡查和监督检查。各级气象主管机构可以采取下列措施:

(一)要求被检查单位或者个人提供有关文件、证照、资料;

(二)要求被检查单位或者个人就有关问题做出说明;

(三)进入现场调查、取证。

各级气象主管机构在监督检查中发现应当由其他部门查处的违法行为,应当通报有关部门进行查处。有关部门未及时查处的,各级气象主管机构可以直接通报、报告有关地方人民政府责成有关部门进行查处。

第二十三条　各级气象主管机构以及发展改革、国土资源、城乡规划、无线电管理、环境保护等有关部门及其工作人员违反本条例规定,有下列行为之一的,由本级人民政府或者上级机关责令改正,通报批评;对直接负责的主管人员和其他直接责任人员依法给予处分;构成犯罪的,依法追究刑事责任:

(一)擅自迁移气象台站;

(二)擅自批准在气象探测环境保护范围内设置垃圾场、排污口、无线电台(站)等干扰源,以及新建、改建、扩建建设工程危害气象探测环境;

(三)有其他滥用职权、玩忽职守、徇私舞弊等不履行气象设施和气象探测环境保护职责行为。

第二十四条　违反本条例规定,危害气象设施的,由气象主管机构责令停止违法行为,限期恢复原状或者采取其他补救措施;逾期拒不恢复原状或者采取其他补救措施的,由气象主管机构依法申请人民法院强制执行,并对违法单位处 1 万元以上 5 万元以下罚款,对违法个人处 100 元以上 1000 元以下罚款;造成损害的,依法承担赔偿责任;违反治安管理行为的,由公安机关依法给予治安管理处罚;构成犯罪的,依法追究刑事责任。

挤占、干扰依法设立的气象无线电台(站)、频率的,依照无线电管理相关法律法规的规定处罚。

第二十五条　违反本条例规定,危害气象探测环境的,由气象主管机构责令停止违法行为,限期拆除或者恢复原状,情节严重的,对违法单位处 2 万元以上 5 万元以下罚款,对违法个人处 200 元以上 5000 元以下罚款;逾期拒不拆除或者恢复原状的,由气象主管机构依法申请人民法院强制执行;造成损害的,依法承担赔偿责任。

在气象探测环境保护范围内,违法批准占用土地的,或者非法占用土地新建建筑物或者其他设施的,依照城乡规划、土地管理等相关法律法规的规定处罚。

第二十六条　本条例自 2012 年 12 月 1 日起施行。